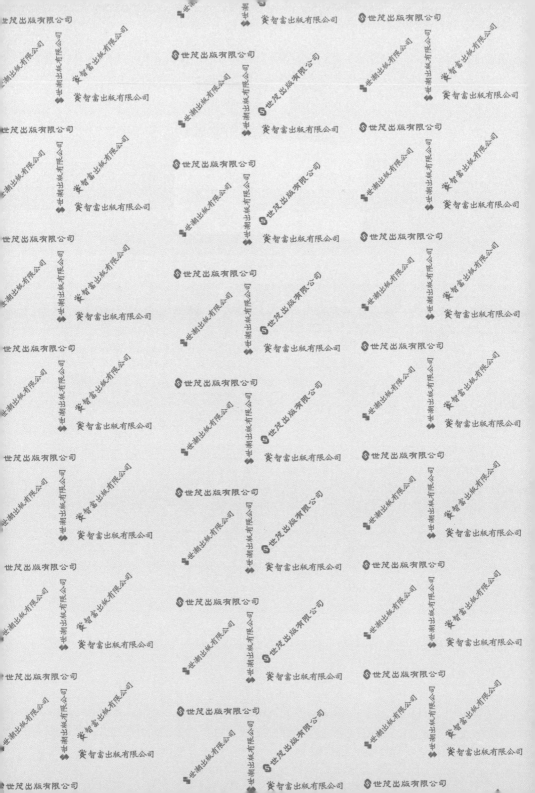

你就是狗狗最好的醫生

黃薇嬪◎譯

私の犬のお医者さん

川口動物醫院院長 **川口明子**
金井動物醫院院長 **金井慎人** 合著
金井動物醫院副院長 **金井理惠**

前上野動物園園長 **中川志郎** 監修

第1章

一般常見 出現這些症狀就糟了！

不知道為什麼，狗狗就是沒什麼精神……各位是否也經常會有這樣的擔心？但其實，我們可以從狗狗出現的症狀來判斷牠們所罹患的疾病！

第2章

實用知識總動員 不好了！如果出意外的話

遇上交通事故、誤食異物，狗狗會突然發生的意外種類包羅萬象。若是發生意外時，只要適時給予狗狗恰當的處置，後續的治療也會順利許多。

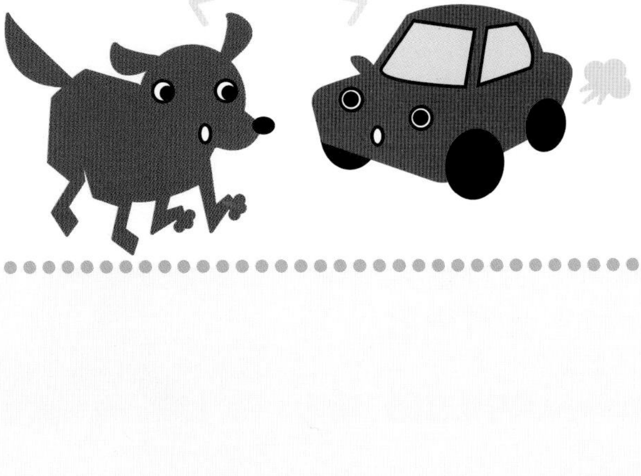

第3章 當狗狗受傷或發生意外時 輪到你上場，快速因應！

意想不到的意外狀況經常發生，例如：眼睛被球打到、被其他狗咬等等……這種時候就輪到你上場了！快點做出緊急處置吧！

第4章 不同的年齡與性別會有 不同的疾病！

根據狗狗的性別、年齡，疾病症狀也各有不同。你家狗狗是屬於哪一種的呢？

第5章 立刻解決！外來問題的處理法

偶而也會發生傷腦筋的情況，例如：與鄰居家的狗狗交配或是鄰居討厭狗等等。不過請放心！只要你有心，這些問題都能解決。

第6章 鮮為人知的寵物冷知識

你知道狗狗也有保險嗎？你知道只要上網或打電話，就能夠獲得寵物諮詢嗎？身邊有太多我們不知道的事，各位務必確認本章歸納出的小知識。

Contents

Contents

Contents

Contents

Contents

Introduction

基本常識！

狗狗的雜學知識

狗狗的雜學知識

基本常識！

首先必須擁有身為飼主的自覺與責任

人類與狗大約從一萬年前開始共處。後來人類創造出各式品種的狗，以因應各種目的需求。

因此飼養狗狗時，必須配合目的挑選合適的品種。如果你養狗的心態純粹只是「沒什麼特殊目的」、「因為這種狗看來很活潑」等，請各位務必重新考慮。一旦養了狗就必須負責到最後，這是身為飼主的責任。

●身為飼主的責任

在幼犬時期很疼愛牠，等到狗狗長大後卻漠不關心，這樣子狗狗太可憐了。

養狗相當花錢，比方說各種預防接種、心絲蟲病的藥物，以及罹患疾病或遭遇意外時的看診、住院費用等。再加上管教、每天散步、清理大小便等也相當費事。另外，一般人還會要求狗飼主必須遵守道德規範。因此做好以上這些心理準備是很重要的。

●人生中的最佳夥伴

狗是人類無可取代的夥伴。

在情緒焦慮、心靈貧乏的現代社會裡，就連親子、夫妻之間的連結也逐漸式微，而用來填補這空隙的就是與狗狗的生活。養狗能夠與家人擁有共同的話題。輕撫狗狗的身體，不止手心能感受到溫暖，心靈也可獲得撫慰。

●更瞭解愛犬

一般常說「預防勝於治療」，而足以奪走狗狗性命的疾病大部分也能夠藉由預防來避免。如果你認為「我家狗狗精神很好，不要緊」而因此放著不管，總有一天牠會生病甚至危及生命。

你瞭解狗狗的叫聲和舉動所代表的意義嗎？

另外，你是否可透過眼睛、臉部表情和態度判斷狗狗的健康呢？

在你感嘆狗狗完全不聽飼主命令之前，請與牠們做進一步的接觸，以建立更好的關係。

底下我將簡單說明狗狗的個性與習性等，請務必成為一位可完全接收到狗狗發出之訊號的飼主吧！能夠守護愛犬的只有你了。

基本常識！

個性

知道狗狗的品種，有助於瞭解牠們的個性

狗的品種有數百種。每一種都是為了配合人類需求而創造出來的。瞭解各品種基於其創造目的，將有助於瞭解該犬種的特性。

現在做為家犬的狗狗們在過去原本是為了特殊目的之任務而存在的。

獵犬

●米格魯

會一邊吠叫一邊追著獵物跑。經常會吠叫是牠們的天性。

●巴吉度獵犬（Basset Hound，或稱法國短腿獵犬）

會一邊嗅著味道一邊追蹤。

●黃金獵犬

多用來狩獵水鳥。為了取回落入水中的鳥類，因此相當擅於游泳，也喜歡游泳。

負責看守動物

●喜樂蒂牧羊犬（Shetland Sheepdog）

●大白熊犬（Pyrenean Mountain Dog，或稱庇里牛斯山犬）

●潘布魯克威爾斯科基犬（Pembroke Welsh Corgi）

牠們經常吠叫提醒人們注意異常情況，比其他犬種更神經質。

拖曳雪橇、板車搬運貨物

●哈士奇犬●伯恩山犬（Bernese Mountain Dog）

體格雖然結實，但難以承受日本夏天的酷熱。

負責看守建築物等

●紐芬蘭犬（Newfoundland）**●聖伯納犬**（Saint Bernard）

承襲寺院、家庭看門狗血統的西施犬等也被當作家犬飼養。

小型玩賞犬

狗除了協助人類工作外，有些品種是為了追求嬌小、美型而創造出來的。牠們的身體雖小，卻仍然擁有狗狗天生該有的習性。

●馬爾濟斯●博美狗●約克夏梗犬●臘腸狗●巴哥犬●蝴蝶犬等

這些狗經常會吠叫，主要是負責看家。

混種

這類狗狗多擁有各犬種的優點，且多半能夠發揮不輸給純種狗的能力。

基本常識！

特徵

即使長相、體型不同，身體構造仍一樣

牙齒

剛出生的幼犬沒有牙齒。

出生後3～4週才會長出乳牙。到了3個月左右，乳牙就會長齊。接著到6～7個月左右，就會開始長恆齒。

乳牙有28顆，恆齒有42顆。

肉墊

運動後或是在夏天炎熱的日子中，狗狗會張大嘴巴哈哈喘氣，此時口水就會從舌頭上滴滴答答地流下。那些就是汗水。

狗狗身上除了肉墊之外的其他部位都缺乏外分泌汗腺（Eccrine Sweat Glands，又稱為小汗腺），因此必須藉由口腔黏膜及舌頭分泌唾液，來調節體溫。

肉墊雖然會出汗，但是對於調節體溫的幫助不大。

喘息（淺速呼吸）

體溫一上升，狗狗就會哈哈喘氣以試圖降低體溫。安靜狀態的呼吸是每分鐘20次左右，劇烈運動過後，因體溫會升高，所以淺速呼吸會

提升到300次左右。

腳

人類和熊站立時是以腳跟著地，相反地，狗狗則是以腳尖著地，彷彿是天生就穿了雙芭蕾舞鞋的名伶般。

生殖器官

剛出生的雄性幼犬，精囊在肚子裡，等到出生約1個月左右，才會降至陰囊。

有些時候，幼犬長大變成犬後，仍有一側或兩側的精囊沒有下降（隱睪）。精囊停留在腹腔內會變成腫瘤，必須盡早動手術摘除。

另外，母狗出生6～12個月時，體型就會與成犬差不多。接下來的數個月，卵巢開始週期性活動，於是就會進入發情期（交配期）。

一般來說，小型犬的成長速度較大型犬快，因此有些狗在出生8～10個月時已經開始發情。當你以為狗狗不滿1歲還不用擔心之時，牠卻已經懷孕了的例子其實並不罕見。

基本常識！

感覺

狗狗敏銳的感覺是與人類共同生活所不可少的

狗狗擁有敏銳的感覺。若能瞭解這點對人類是有所助益的，人與狗就能互相協助。

嗅覺

狗狗辨別氣味的能力數一數二。如果說人類是用眼睛來判斷事物，那麼狗狗就是用氣味。人類身上感應氣味的細胞只有3～4cm，而狗狗則是15～150cm，遠大於人類。

狗狗感測汗水中揮發性脂肪酸（Volatile Fatty Acid，VFA）的能力更是卓越。這項能力從過去就為人類所利用。現在狗狗參與緝毒、偵爆、尋找松露，以及在地震中的斷垣殘壁下尋找生還者時，都是利用這種能力。

對了，各位知道檢疫犬（或稱水果犬）嗎？

我曾經在機場看見一隻可愛的米格魯走在等待行李的人群之中。當牠在其中一人面前坐下時，就是發現行李偷渡禁止攜入之物品的暗號。那個人只好露出「甘拜下風」的表情，乖乖地把行李中的橘子交給相關人員。

聽覺

人類能夠聽見的頻率是16～2萬赫茲。狗狗能夠聽見65～5萬赫茲，連高頻率的聲音也能夠聽得一清二楚。這一點就算是垂耳犬也相同。

狗狗能夠分辨出飼主的腳步聲、腳踏車、汽車聲，並且快速前往玄關迎接，也要歸功於牠們優異的聽力。順便補充一點，野狼能夠聽見夥伴遠在6公里處的吠叫聲。

視覺

只要環境變暗，人類就會開燈，但是狗狗的眼睛則是愈暗看得愈清楚。

野狼總是在黎明或傍晚時進行狩獵也是基於這個原因。

另外，狗狗的視線範圍相當寬廣。品種不同可能有些差異，不過，像獵犬類那樣的窄臉品種，視線範圍就有270度，而人類則是180度。

我相信養狗的人應該都知道狗狗對動態物體很敏感。

人類較擅長看出細節，狗狗則是對於在遠處移動的物體有靈敏的反應。

話說回來，狗狗能夠分辨色彩嗎？

根據報告指出，狗狗能分辨得出的顏色是藍色、綠色，以及藍綠混雜的顏色。

味覺

狗狗喜歡甜食。牠們的味蕾（感覺甜味的細胞）數量相當多。

牠們的整個舌頭都能夠感覺到酸味，至於鹹味則是用舌尖去感覺。

基本常識！

習性

有些習性承襲自狼

品種多達百種的狗狗當然也有共通的習性，其中有些甚至來自於野狼。

吠叫

我想各位或許曾有過這種經驗：一走過有狗的院子前面，狗狗就對你猛烈狂吠。這種反應並非在攻擊對手，其用意是在警告自己的家人：「小心！有陌生人出現！」

皺起鼻子、齜牙咧嘴的狗一方面想要攻擊對方，另一方面卻也滿心恐懼。恐懼愈強烈，低吼聲中就會摻雜著吠叫聲。

愈恐懼時，吠叫聲就愈激烈。一般常說「愈弱小的狗愈愛叫」就是這個道理。

搖尾巴

幼犬第一次搖尾巴是在出生6～7週。狗狗與兄弟姊妹靠在一起吸吮母狗的奶水時就能夠看見。

這段時期的幼犬會開始產生敵我意識，而與兄弟姊妹打架，並且產生「不喜歡與經常打架的對象待在一起，但又想喝奶」的矛盾心情。

長至成犬後，可在見到同伴或求愛時見到狗狗搖尾巴，藉此表現希望和對方友好的心情，以及畏懼對方所衍生出的不安情緒。

當狗狗面對地位比自己低的狗時，尾巴搖擺的位置會較低；遇到地位高的狗時，尾巴則會直直豎起擺動。

啃咬

乳牙長齊後，幼犬會到處亂咬東西，並且像捉到獵物般甩動。

這種舉動的目的一方面是因為幼犬喜歡玩耍，再方面是為了強化下巴，促使恆齒順利更換。但同時也是為了練習捕捉獵物。

如果有不希望被幼犬咬壞的東西，就請將之收到牠們搆不著的地方，否則幼犬會以為所有掉在地板上的東西都是可以咬的。

社會地位

沿襲自狼的習性之一的就是社會地位。

狼喜歡成群結隊，從領頭的首領到最低層的狼都有清楚的位階劃分。狗狗也承襲了該習性，因此幼犬彼此打鬧玩耍時，也學會了優勝劣敗的觀念。

牠們認為家人就是自己的族群，而自己也是族群中的一分子。狗的社會沒有平等這回事，只有上下關係。而在家庭中，狗狗一定是最低階的。

基本常識！

成長

狗狗的成長過程依年齡而有不同

狗狗的成長過程會因為年齡而有不同。

新生兒

出生13天以內稱為新生兒期。這時期的狗狗眼睛仍看不見，耳朵也聽不到，但是能夠感覺到平衡、溫度、疼痛。肚子餓或寒冷時會發出聲音四處爬行。排泄時則是由母狗舔幼犬的屁股以刺激排泄。

轉變期

出生14天到20天左右是轉變期。

這時期的狗狗眼睛已經睜開，其他感覺系統也逐漸發達，能夠搖晃行走，也開始對外在刺激有反應。

但是這時期的狗狗還不懂得警戒與恐懼。

社會化時期

由出生第21天起，經過12～13週之後，就進入社會化時期。

出生5週左右，母狗就開始不願意哺乳，幼犬的牙齒也長齊了，能夠吃些流質的食物。

大約21週左右，狗狗的耳朵已經能夠聽見聲音。這時候的幼犬們開

始熱衷於一同玩耍、互咬，此時期稱為「社會化時期」。

這名詞雖然有些陌生，不過對於狗狗來說，這是往後生存上最重要的時期。這段時期的幼犬必須充分與母狗、兄弟姊妹玩耍，學會狗狗基本的行為能力。之後就要在新飼主身邊進一步體驗人類社會的所見所聞。

比方說，積極讓牠們聽聽腳踏車、摩托車、汽車、施工工地、其他人、其他狗、貓、鳥等的聲音。

這段時期正好也是接種疫苗的時候，外出時最好能抱著狗狗去散步。

幼年期

出生6個月到性能力發展成熟為止，稱為幼年期。這時候的狗狗會開始出現地盤意識。

成犬

1年後，牠們已經是成犬，在生理、肉體上都已成熟，開始懂得支配及地位的優劣，且會變得較為傲慢。

高齡犬

7歲以上就屬於高齡犬，是開始邁入老年的階段。

基本常識！

疾病

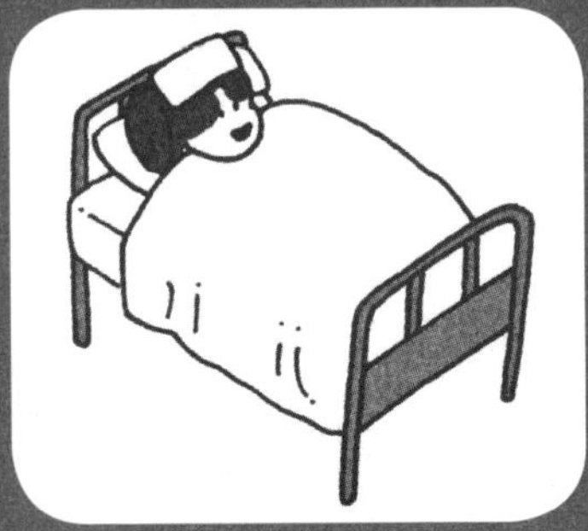

做足所有預防準備

即使飼主小心翼翼，狗狗仍然有可能染上危及性命的可怕傳染病。一旦染病，無論飼主如何努力也是枉然，而且必須花費龐大的醫療費用。就算治癒了，往往仍會留下後遺症。

這些傳染病目前已經出現了有效的疫苗。因此，為了保護愛犬的生命，避免不必要的擔心與開銷，請記得接種疫苗。

接種疫苗能夠預防的疾病

●犬瘟熱（Canine Distemper，或稱狗瘟）

此為病毒引起的疾病。會造成眼屎多、流鼻水、腹瀉、嘔吐、肺炎、無意識抽搐、半身不遂等神經方面的後遺症。

●犬小病毒腸炎（Canine Parvovirus，CPV）

此為病毒引起的疾病。狗狗會不斷嘔吐或一天出現多次血便，血便如同會發出惡臭的蕃茄醬，而且會發生脫水現象，導致狗狗虛弱無力。

疫苗還沒問世前，狗狗一旦罹患這種疾病就

只有死路一條。

一般消毒藥劑無法消滅這種病毒。必須使用HAITER、BLEACH*等含氯的漂白水。

*註：以上均是漂白水品牌。

●犬副流行性感冒（Canine Parainfluenza）

此為病毒引起的疾病。狗狗會出現發燒、咳嗽、扁桃腺腫大等症狀。與其他病毒或細菌交叉感染後會引發犬舍咳（Kennel Cough）。

●犬腺病毒感染（Caine Adenovirus Infection）

此為病毒引起的疾病。會引發肺炎、咳嗽、嘔吐、腹瀉等症狀。復原後，眼睛可能變得白濁。

●犬鉤端螺旋體症（Canine Leptospirosis）

此為細菌引起的疾病。會出現發燒、黃疸、身體表面點狀出血等現象。這個疾病的媒介是老鼠，人類也會受到感染（屬於人畜共通傳染病）。必須避免屯放在室外的狗食遭老鼠啃蝕。

●狂犬病

此為病毒引起的疾病，包括人類在內的哺乳類動物都會受到感染。等到症狀出現時就只能等待死亡，目前尚無有效的治療方式，是相當可怕的疾病。此疾病目前在日本已經絕跡，不過國外仍有死亡的案例。在日本，狗狗必須遵照狂犬病預防法規定施打疫苗。

可藉由藥物預防的疾病

●犬心絲蟲病（Canine Filariasis）

長約10～30公分的麵條狀絲蟲寄生在狗狗心臟時所引發的疾病。剛受到感染時不會出現症狀，後來會陸續出現咳嗽、容易疲倦、貧血、血尿、脫水等現象，甚至會突然咳血而死。

此傳染病的血液中存在絲蟲的幼蟲「微絲蟲」。蚊子吸血時，微絲蟲會和血液一起進入蚊子體內，又趁著蚊子吸其他狗的血時進入其他狗體內，最後抵達心臟，變成成蟲，產下幼蟲。

這種疾病並非由狗狗直接傳染，而是透過蚊子為媒介。為了避免狗狗死亡，必須每個月服用一次預防藥。

蝨子、跳蚤的預防

近年來跳蚤的危害大增。散步時很容易自草叢、樹叢裡，或是旅行前往的山野等地遭到感染。必須每月使用一次具有消滅蝨子、跳蚤效果的殺蟲藥。

基本常識！

個性

品種不同，個性也各有不同。首先應該知道你家愛犬的品種。

特徵

瞭解狗狗與人類的不同，才能夠瞭解狗狗。

感覺

狗狗靈敏的感覺有助於與人類共同生活。請務必瞭解這點。

習性

狗狗雖有特殊習性，但其中也有承襲自野狼的部分。

成長

超過7歲就是高齡犬了。狗狗的成長速度比人類迅速。

疾病

有些傳染病可透過接種疫苗預防。所有該做到的預防工作都應該要做到。

第1章

一般常見

出現這些症狀就糟了！

第1章

嘔吐

可能與許多疾病有關

造成嘔吐的原因很多。有些情況恐怕很嚴重，飼主必須留心。不同狀況，對應的方式也大不相同。

什麼原因？

可能是

- 中毒
- 病毒性腸炎
- 細菌性腸炎
- 寄生蟲病
- 食道、胃腸的疾病
- 肝臟疾病　等。

此症狀的特徵是？

有時狗狗嘔吐並不是什麼大問題。請確認嘔吐的次數、嘔吐後的情況，以及嘔吐前吃下的東西。有

及早注意的關鍵

雖籠統的說是嘔吐，但也有各式各樣的症狀，包括次數、嘔吐物的內容、嘔吐量，比方說是否摻血、是否吐出食物和泡沫、是否有食物以外的異物等。若狗狗某天突然嘔吐，吐完後仍和平常一樣正常吃飯、散步、大小便，則無須太過擔心。

另外，母狗會將自己吃下的食物吐出來給幼犬吃，這是為了讓幼犬習慣食物，促使牠斷奶。

這種情況必須小心

狗狗一天中如果吐了很多次，而且沒有食慾也沒精神時，就可能是生病了。糞便的情況不對勁時也必須注意。即使狗狗只吐了一次，但如果牠發出呻吟、樣子看來很痛苦，最好去找醫生談談。另外，有些狗會把嘔吐變成習慣。如果放任不管，狗狗的胃會受傷、引發胃炎而吐出帶血的胃液，且愈來愈難主動停止嘔吐，這點必須小心。

時吐出來的東西不同，情況的嚴重程度也可能不同，這點必須留意。

該如何治療？

吃草吐出胃液屬於狗狗的正常行為。這種時候多半是因為狗狗的胃裡有毛球（毛凝結成的物體），或是罹患輕度胃炎（胃酸過多）。嘔吐後，請檢查看看嘔吐物中是否摻有狗毛，以及狗狗吃飯的情況。

另外，因嘔吐情況嚴重前往醫院時，最好將嘔吐物帶去。如果無法帶去，也要仔細觀察嘔吐物的狀態，並告訴獸醫師。

嘔吐的原因如果是中毒，則必須盡早就醫。若是感冒等傳染病有時則必須服藥。

小筆記

狗狗感冒或患有心臟疾病時，容易引發咳嗽，必須小心。

Dr.川口的建議

狗狗若是在餐後立刻痛苦嘔吐，很可能是胃擴張扭轉症候群（GDV）。另外，若是牠們想吃東西或喝水卻吐出來或無法吞嚥，必須注意很可能是食道或喉嚨出了問題。再者，如果持續咳嗽，也會導致想吐。咳嗽容易刺激嘔吐的發生。

第1章 2

缺乏食慾

食慾是健康的指標

狗狗食慾不振時，表示精神或身體上出了問題。如果不盡快找出原因，狗狗的體力就會逐漸衰退。

什麼原因？

可能是

●各種疾病 ●外傷

●生活環境問題　等。

此症狀的特徵是？

症狀包括無視最愛的點心或餐食，或是到了吃飯時間也不吃東西、缺乏食慾、體重減輕等。這表示狗狗體內某處出現了異常，必須十分注意。此症狀經常會發生在狗

及早注意的關鍵

如果幼犬一整天、成犬1～2天都沒食慾，即使牠們精神很好仍須注意，一旦食慾不振的情況沒有改善，最好前往就醫。

若狗狗沒有精神又缺乏食慾時，就必須盡早前往醫院。有時可能會演變到非常惡化的情況，必須十分留心。成犬的食慾雖然也會隨著年齡增長而降低，不過食物減量恐怕會導致狗狗身體出狀況。

這種情況必須小心

食慾是健康的指標。一旦狗狗缺乏食慾，就必須確認這情況是從何時開始的？最後吃了什麼？有沒有喝水等等，或許能夠從中找出原因。另外，即使狗狗的健康狀態完全正常，若是生活發生了改變，例如把狗狗寄放在寵物旅館，或挑選不同於以往的散步路徑等，有些狗狗會因為諸如此類的精神壓力而喪失食慾，所以建議盡早恢復原本的生活。

狗身上。

該如何治療？

找出缺乏食慾的原因以進行治療，相信狗狗就能夠恢復食慾了。

但如果食慾不但沒有恢復，連帶地體力也衰退了，恐怕就會耽誤疾病的治療。建議飼主最好花點心思在狗狗喜歡的食物中摻入營養的食物，以增加狗狗的營養攝取量。

有些時候吃的東西反而會導致某些疾病更加惡化，所以飼主務必要向醫院詳細詢問清楚。

另外，狗狗的食慾降低時，即使給了牠跟平常一樣的食物牠也可能幾乎不吃，或吃了就吐出來、拉肚子。此時，建議換成柔軟好消化的食物，仔細觀察狗狗的狀況後再改吃回原本的食物。

小筆記

韭菜和大蒜等也算是蔥的同類，所以最好不要給狗狗吃。

Dr.川口的建議

絕對不能給狗狗吃的食物中，最具代表性的就是蔥類。除了蔥本身不能餵食外，摻了蔥的湯汁等也絕對不行。比方說加了蔥的味噌湯、壽喜燒、火鍋等，只要狗狗吃進了蔥就可能會引發中毒。所以請務必留意。（可參考73頁）

第1章 3

沒有精神

狗狗應該隨時都要保持活力

很多種疾病都會引起此種症狀。狗狗只是單純沒精神？或者伴隨著腹瀉、嘔吐等其他症狀？是否有壓力？讓我們一起來找出原因吧！

什麼原因？

可能是
- 各種疾病
- 外傷
- 生活環境的問題　等。

此症狀的特徵是？

狗狗沒精神一定有原因。發燒、腹瀉、嘔吐、身上某處受傷等都有可能。生活環境本身的問題也可能會帶給狗狗在精神上的壓力。另外有外人出入家中、打雷、煙火等較

及早注意的關鍵

首先，觸摸狗狗的身體，確認牠是否全身發燒或冰冷。接著找找狗狗身上是否有傷口或撞傷等疼痛處，檢查呼吸是否正常，吃飯和排泄是否一如往常？線索就存在其中。

這種情況必須小心

狗狗一旦沒有精神，首先就會出現即使吃飯也不會開心的情況。再來是對於散步也少了期待。

身上有傷時自然不想動；而吃下異物、腸子蠕動出問題時，也同樣不想動。這些情況可透過事後觀察糞便或是狗狗的嘔吐就能夠知道。原因也很有可能是中暑、熱衰竭，或是從高處跌落所致。

大的聲響也會令狗狗無精打采。

該如何治療？

只要弄清楚原因並給予治療，狗狗就能夠恢復精神。

比方說，如果狗狗是中暑或熱衰竭，就必須協助牠降低體溫；遇上脫水時則必須施打點滴。

假如狗狗身上有某處會疼痛，就要透過X光檢查；如果沒有骨折或脫臼，只要替牠止痛，狗狗就會稍微恢復精神。

無論如何都請飼主務必要找出原因。同時，在精神方面的照護也相當重要。

如果沒有什麼特殊原因，只要飼主比平常更勤於呼叫狗狗或稱讚牠，狗狗就會打起精神來。所以就找些機會稱讚牠們吧！

小筆記

平時就應該注意狗狗的狀況，或許原因就出在意想不到的地方。

Dr.川口的建議

如果是將害怕煙火或打雷等巨大聲響的狗狗養在屋外，此時就必須讓牠進入房子玄關。此外，路過小朋友的惡作劇、散步途中遇到其他狗狗等也都可能會給狗狗帶來壓力。所以飼主最好仔細觀察狗狗的狀況以變更場所。

第1章 4

腹瀉不止

引發腹瀉的原因很多。當狗狗的糞便中帶血或和水一樣稀、或摻雜黏液，或拉出類似瀝青的東西時，就必須要留意了。

什麼原因？

可能是

- 病毒（犬小病毒、犬冠狀病毒）性腹瀉
- 中毒
- 寄生蟲病
- 急性大腸炎
- 十二指腸炎
- 出血性腸炎
- 吃太多
- 壓力　等。

此症狀的特徵是？

腹瀉的原因包羅萬象，可能來

及早注意的關鍵

吃太多、換狗食、油脂攝取過多、壓力大或生活環境改變時，也會造成暫時性的腹瀉。1～2次就復原的腹瀉無須擔心。

但若是糞便中帶血、黏膜、黑色瀝青狀東西時就必須注意。此時，最好盡快帶著糞便前往醫院，因為沒有定期接受糞便檢查的狗狗的腸子裡或許有寄生蟲。

這種情況必須小心

有些狗狗在幼犬時期經常拉肚子，而且雖然只拉1～2次，體力卻一下子就變得很差。遇到這種情況時請務必盡速因應，以避免造成更嚴重的後果。

自狗食，可能是病毒感染，可能是中毒或肚子裡的寄生蟲作祟而造成的。狗食引起的腹瀉有時並不用急於立刻治療，如果拉肚子的情況持續2天以上，或是只拉一次肚子，但糞便顏色異常或味道不對勁時，才必須馬上接受治療。

該如何治療？

帶血的糞便可能是罹患了嚴重的疾病。（可參考36頁）

水分多且柔軟的糞便，以及如黑色瀝青般的泥狀腹瀉，可能是急性大腸炎、胃潰瘍、十二指腸潰瘍等。必須前往醫院接受治療。

在此同時，管理狗狗的飲食也相當重要。有些飼主以為症狀稍微減輕就表示狗狗康復了，因而過度餵食。建議還是先找醫師談談，暫時給狗狗吃好消化的食物，或治療用的餐點。

小筆記

散步時別忘了確認狗狗的糞便狀況。

Dr.川口的建議

肚子中若有寄生蟲就會引起狗狗腹瀉，只要透過糞便檢查找出寄生蟲，就能夠預防。部分病毒性腹瀉也可利用疫苗預防。別忘了狗狗自2歲起就必須每年施打疫苗。

第1章
5

糞便呈紅色

是腸子出血的警訊

一般多半是軟便或腹瀉帶血，也有正常的糞便或堅硬的糞便帶血的情況。

什麼原因？

可能是

- ●病毒性腸炎（犬小病毒、犬冠狀病毒）
- ●中毒
- ●出血性腸炎
- ●細菌性腸炎
- ●急性大腸炎
- ●寄生蟲病
- ●肛門四周發炎

等。

此症狀的特徵是？

不同狀態的糞便，如摻血或沾

及早注意的關鍵

處理糞便對於飼主來說不是什麼愉快的經驗，但糞便卻是健康的指標。

透過顏色、氣味等的每日觀察能夠及早發現狗狗的疾病。糞便偏軟時尤其必須注意。

偏硬的糞便也可能引起肛門四周的疼痛，所以必須注意。

這種情況必須小心

在可能引發出血性腸炎的病毒型疾病之中，能夠利用疫苗預防的，就屬犬小病毒腸炎和犬冠狀病毒腸炎。

包括單獨防治犬小病毒腸炎的疫苗，也有二合一的混合疫苗。

請務必事先確認這類疫苗是否包含在愛犬定期接種的疫苗之中。

粘等，出血的位置與原因也不同。

即使同樣是腹瀉，也會有糞便呈水狀且摻血，或摻有紅色點狀血液等各式各樣的情況，因此必須仔細觀察。

相反地，偏硬或一般糞便表面也可能帶血。無論是何種情況，都表示體內某處正在出血，必須帶狗狗去接受適當的治療。

該如何治療？

治療前必須找出出血位置及原因，因此糞便檢查相當重要。請直接把排出的糞便裝進塑膠袋裡帶往醫院。

飼主也需稍加留意狗狗吃飯的狀況。若有處方餐或者能夠在家服用的治療餐，建議飼主可以試試。

不同的病因有不同的治療方法，不能鬆懈，必須持續到狗狗痊癒為止。

在治療過程中，有些飼主可能以為狗狗已經痊癒而停止治療。但，請為你的狗寶貝想想，努力堅持到最後吧！

另外，如果狗狗罹患的是病毒性腸炎，症狀就會變得很嚴重。等到出現紅色黏液型血便時，食慾會降低，甚至想吐，這點必須注意。

小筆記

幼犬時期罹患病毒性腸炎，很可能會導致死亡。

Dr.川口的建議

定期施打疫苗或接受糞便檢查、除蟲等，也是找出病因的重要線索之一。醫院進行的檢查種類繁多，飼主可仔細確認看看。另外，幼犬腸內的寄生蟲是還在母狗肚子裡時所感染的，因而在出生成為幼犬後就有可能會出現血便的情況。

第1章 6

糞便裡有蟲

是肚子裡有蟲的證據

肚子裡的寄生蟲只有少數品種可能會混雜在糞便中排出體外，大部分排出體外的只有寄生蟲的蟲卵，因此看不到成蟲。

什麼原因？

可能是

- 犬蛔蟲（Toxocara canis）
- 犬小蛔蟲
- 犬鞭蟲（Whipworms）
- 瓜實條蟲（Tapeworms，或稱條蟲）
- 裂頭條蟲（Spirometra erinaceieuropaei）　等。

此症狀的特徵是？

及早注意的關鍵

若體內有瓜實條蟲，在剛排出的糞便表面就會看見一節（局部蟲身）白色或淺粉紅色如瓜子般的物體伸縮蠕動。

剛感染不久時，糞便多半仍然正常。等到狗狗舔搔肛門或在地面上磨蹭屁股時，請仔細檢查肛門四周，或許就能夠找到如白芝麻狀的乾燥寄生蟲沾附在上面。

這種情況必須小心

麵條狀的長條寄生蟲也會出現在糞便中，且多半是犬蛔蟲。如果看見這種寄生蟲，表示腸子裡很可能有太多寄生蟲，最好立刻前往醫院接受糞便檢查。

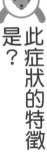

一般而言，即使腸子裡有寄生蟲也不會出現在糞便裡。但是瓜實條蟲和裂頭條蟲的部分蟲體會隨著糞便排出，因此用肉眼就能夠看得出來。

其他寄生蟲如果出現在糞便中，多半表示腸道裡的寄生蟲太多，必須盡快除蟲。有寄生蟲的狗狗普遍較容易罹患其他疾病，而且會導致症狀加劇，所以必須注意。

該如何治療？

確認有寄生蟲並適度除蟲後，寄生蟲就會死掉。但是已經產下的蟲卵卻幾乎沒有藥物能夠殺死，因此，等到蟲卵變成蟲時就必須再次除蟲。

寄生蟲導致的腸炎也必須以治療炎症的方式來處理。

另外，瓜實條蟲可藉由跳蚤轉移，因此必須確認狗狗身上是否有跳蚤。除蟲時也別忘了要驅除跳蚤。

小筆記 寄生在狗狗身上的寄生蟲種類繁多。最重要的是觀察糞便情況。

Dr.川口的建議

糞便中的寄生蟲只佔罹患寄生蟲病之狗狗腸內寄生蟲的極小部分。大多數寄生蟲仍是蟲卵狀態，相當微小，必須仰賴顯微鏡才能夠看見。肚子裡的寄生蟲可透過定期糞便檢查早期發現。記得接受檢查，可常保狗狗的身體健康。若有寄生蟲，就必須要對四周的環境進行消毒。

第1章 7

無法排便

不只是便祕而已

糞便排不出來不只是單純的便祕，多半是因為各式疾病所造成的。如果放任不管，可能會造成食慾降低、嘔吐等情況。

什麼原因？

可能是

- ●便祕
- ●腸道阻塞（Intestinal Obstruction）
- ●前列腺炎
- ●疝氣（Hernia）
- ●前列腺腫大
- ●神經方面的問題

等。

此症狀的特徵是？

包括幾天無法排便，或是出現排便姿勢卻排不出來等等。狗狗看起

及早注意的關鍵

平常最好注意狗狗的排便量、次數與狀態，如果排出的糞便與平常不同就必須注意。這種時候狗狗如果想吐，很可能是罹患了腸道阻塞。除了可能是誤吞異物堵塞腸子外，也可能是因為腸子本身有問題而妨礙了食物的通過。

不管怎麼說，想要排便卻排不出來時，也要注意一般便祕之外的原因。

這種情況必須小心

高齡犬可能因為前列腺腫大、疝氣等造成排便困難。有時也可能是脊髓、神經的問題而影響腸子蠕動不佳，而這些症狀也多半出現在高齡犬身上。

若是便祕，下半身或腰部甚至會不穩晃動。無論出現何種狀況，都最好前往醫院諮詢。食量和喝水量的減少也是一種警訊。

來很痛苦的時候，除了一般的便祕之外，也必須考慮到狗狗可能是罹患了其他的疾病。

若是持續無法排便，狗狗就會逐漸喪失食慾、想吐。如果這些症狀出現在高齡犬身上，則不只是腸子的問題，也有可能是神經方面的毛病。

該如何治療？

如果只是單純的便祕，服藥或使用浣腸球通便就能夠復原。

但如果是腸子本身出了問題，例如：骨盆過窄、前列腺疝氣等原因，就必須一一治療後才能夠順利排便。

若是腸道阻塞了，則必須先動手術。而且如果拖延太久，恐怕必須摘除掉部分腸子，否則腸道可能會破裂而造成腹膜炎。如果是疝氣，則必須動手術讓跑出腹腔的腸子歸位。

前列腺發炎會腫脹壓迫到腸子，阻礙糞便通過，這種時候只要使用抗生素或消炎藥就能夠治癒。

荷爾蒙失衡造成的前列腺腫大只要進行去勢手術，症狀就能獲得紓解。如果做了這些仍無法縮小前列腺，醫生就會開立荷爾蒙藥物。

無論如何，重點就是必須與獸醫師詳談，這樣才能夠找出對狗狗最好的方法。

小筆記

狗狗會誤吞身旁的東西，所以很可能會因此堵塞腸子而造成便祕。

Dr.川口的建議

狗狗一旦上了年紀，腸子蠕動會變慢，因此容易發生便祕的問題。透過補給水分、餵食好消化的狗食等，都可幫助牠們輕鬆排便。另外如果是腰腿無力的高齡犬，只要雙手幫忙扶著腰部，就能夠促使牠們排便。

第1章 8

小便異常

想要撒尿卻尿不出來，表示尿液的通道，也就是膀胱和尿道可能堵塞，必須留意。

什麼原因？

可能是

- ●尿道結石　前列腺腫大
- ●前列腺炎　膀胱炎　腎炎
- ●膀胱、腎臟腫瘤
- ●循環系統疾病　等

此症狀的特徵是？

若結石或腫瘤堵塞尿液通道—膀胱和尿道，會造成無法或難以排尿。另外，年老公狗的前列腺腫

及早注意的關鍵

如果狗狗多次想要小便卻尿不出來因而中途放棄，或者排出的尿液量比平常細小，或是只能一點一點排尿時，就必須注意。

請摸摸狗狗的肚子，此時，狗狗的肚子可能漲漲的，不過仍可摸出下腹部有顆像球一樣硬梆梆的膀胱。

這種情況必須小心

尿液呈紅色、混濁、發出異味等情況都是生病的警訊。如果排出這樣的尿液，狗狗在排尿時必定相當疼痛。只要一發覺不對勁，就要立刻用寶特瓶等容器收集尿液。

另外，如果狗狗開始到處撒尿或漏尿，無法和往常一樣在同一個場所好好排尿時，也同樣必須要注意。

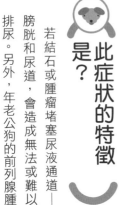

大若壓迫到尿道，也會出現同樣症狀。當尿液顏色與氣味出現顯著變化時，有可能是膀胱、腎臟發炎或是長腫瘤。

該如何治療？

如果出現排尿困難的情況，最好盡可能將尿液裝在容器中，帶往醫院找獸醫師諮詢。

如果狗狗幾乎無法排尿，則必須盡快前往醫院就診。若持續幾個小時無法排尿將有可能會引發危及性命的尿毒症。

結石嚴重妨礙尿液通過膀胱和尿道時，必須藉由手術清除。發現時如果是結石初期，則症狀還算輕微，可透過內科治療與飲食調整治癒。

另外，年老公狗如果有前列腺腫大的情形，可透過去勢手術緩和腫脹。

若是膀胱炎、腎炎等炎症造成尿液出現變化，則可利用抗生素、消炎藥治癒。但若出現腫瘤，就必須接受手術或放射線的治療。

小筆記

以為已經尿過而停止排尿，卻又尿出來……這種情況頻頻發生時就必須小心。

Dr.川口的建議

平時就要注意狗狗的小便。天生容易結石的狗狗（過去曾有結石經驗的狗狗）必須力行飼料管理。腎臟遭受過強力衝擊也可能出現紅色尿液。另外母狗在生理期、罹患犬子宮內膜炎、犬子宮蓄膿症（Canine Pyometra）等情況時，也可能排出帶血的尿液。

第1章 9

變瘦或變胖

飼料的份量、生活幾乎沒什麼改變，但體重卻減輕時，狗狗很可能是罹患了內科方面的疾病。另外，狗狗也可能因為生病而變胖或看起來像變胖。

什麼原因？

可能是

- 寄生蟲病
- 肝臟、腎臟疾病
- 糖尿病
- 內分泌異常　等。

此症狀的特徵是？

狗狗肚子裡有寄生蟲時，營養都被寄生蟲吸收了，因此即使乖乖吃飯仍會變瘦。如果是肝臟、腎臟方

及早注意的關鍵

飼主必須確實掌握平常的飼料用量，同時記住點心的用量，以及附近鄰居是否有餵食狗狗等。

另外也必須考慮到最適合狗狗的散步距離和時間。

像這樣重新檢視每天的習慣，就能夠找出原因。飼主平常就應該花心思好好照顧自己的愛犬。

這種情況必須小心

拉肚子、頻頻嘔吐等原因造成狗狗變瘦時，必須仔細確認排泄物與嘔吐物中是否有摻雜寄生蟲。

只要事先考慮到各種情況並確認各種可能性，就能夠找出原因。

當飼主覺得「不對勁」時，最好先前往醫院諮詢。

面的疾病，身體無法好好運用吸收養分，狗狗也會逐漸變瘦。如果是內分泌方面的疾病，可分為真的變胖，以及皮膚變厚而使得外表看來變胖等情形。

該如何治療？

當狗狗承受巨大壓力，比方說被寄放在別人家，或是搬家造成環境改變等時候，會因為食量減少而變瘦。這種情況只要讓狗狗慢慢適應，牠們就自然會恢復，因此無須擔心。

各種慢性疾病也是造成狗狗逐漸變瘦的可能性之一，寄生蟲病、肝臟或腎臟疾病等。罹患糖尿病時尤其會明顯消瘦。

無論是哪一種疾病，只要治好那些造成狗狗變瘦的原因，狗狗自然會逐漸恢復原本的體重。

罹患屬於內分泌問題的腎上腺機能亢進、甲狀腺機能低下等疾病最大的特徵則是會變胖或看來變胖。這兩種疾病均可透過服用藥物治癒。建議盡早帶著狗狗前往醫院就診。

小筆記

如果狗狗食慾大增、大量喝水或狗毛雜亂時，就要趕快上醫院！

Dr.川口的建議

過胖是使得大型犬的髖關節疾病、小型犬的膝關節疾病惡化的最大主因。為了避免狗狗上了年紀後會很辛苦，最好從年輕時就留意體重。變瘦、變胖的症狀多半是疾病惡化到一定程度時才會出現。只要發現異常，建議就要立刻前往醫院就診。

第1章 10

咳嗽、打噴嚏、流鼻水

狗狗偶而會出現咳嗽、打噴嚏、流鼻水等感冒症狀。有時可能會咳個不停，或鼻涕中摻有血與膿。

什麼原因？

可能是

●病毒性疾病（犬舍咳、犬瘟熱）
●呼吸道疾病 ●瘧疾
●心臟疾病 ●氣管塌陷
●鼻炎 ●膿胸
●犬鼻腔腫瘤 ●異物　等。

此症狀的特徵是？

飼主能夠感覺到狗狗咳嗽是為了吐出卡在喉嚨裡的東西。這是狗狗

及早注意的關鍵

狗狗會咳嗽的時間點多半是狂吠或是運動之後。以一天的時間來看，約是半夜、黎明、傍晚等時刻。

這些時候的咳嗽可能會加劇，必須注意。在日常生活中的咳嗽，儘管並不嚴重，但飼主仍須留心。

另外，狗狗頻頻吐出白色泡沫時也可能是要咳嗽了。

這種情況必須小心

打噴嚏、流鼻水等是飼主容易發現的症狀，另外也要注意鼻水中是否摻血或有膿。

散步途中行經草叢時，如果狗狗用力打噴嚏，植物的種子或芒草（稻麥等果實尖端的針狀刺毛）等就很可能跑會進鼻腔。

異物跑進鼻腔時，若弄不出來就會引發問題。當狗狗會用力打噴嚏或流鼻血時，就必須前往醫院。

咳嗽的特徵。嚴重時還會吐出白色泡沫或摻血的泡沫。

狗狗會打噴嚏、流鼻水多半是因為鼻腔裡有異物。開始時的症狀雖輕微，但久而久之就會摻血。若是膿胸則會咳出膿來。

該如何治療？

要治好咳嗽，除了治療造成咳嗽的炎症外，還必須同時使用支氣管擴張劑，促使中樞神經活動，以抑制咳嗽。

心臟疾病引發的咳嗽只需進行心臟治療，就能逐漸減輕症狀。

氣管塌陷等氣管變形引發的咳嗽好發於小型犬身上，由春天進入夏天，天氣逐漸變熱時，會出現明顯的氣喘症狀。

這種疾病多半必須靠手術才能夠治癒，若不治療，將有可能引發呼吸困難。

打噴嚏、流鼻水等鼻子毛病可能蔓延到鼻腔內的鼻竇或支氣管。必須及早發現及早治療。

小筆記

這些症狀均可及早發現。視情況前往醫院找醫師諮詢吧！

Dr.川口的建議

食物或異物堵塞喉嚨、食道時，狗狗會痛苦咳嗽。若能夠看見異物並取出，則問題不大；若無法取出時，建議就要盡快前往醫院。咳嗽嚴重時必須停止散步，安靜休養，並盡早前往醫院接受診斷。

第1章

11

打呼

打呼也是生病的警訊

有些狗狗睡覺時會發出「咕」或「嘎」的打呼聲。這情況多半是因為鼻子或喉嚨有異常，必須特別注意。

什麼原因？

可能是
- 軟齶過長
- 鼻腔腫瘤　等。

此症狀的特徵是？

巴哥和西施等短吻種犬（鼻子扁塌型）睡覺時會打呼是因為位在喉嚨咽喉頂端的軟齶比一般狗長，阻礙了空氣進入氣管。

這類狗容易發生呼吸困難，所以

及早注意的關鍵

必須注意睡覺時老是發出打呼聲、張大嘴巴呼吸的狗狗。除了睡覺的時候，有些狗狗在興奮或散步途中，也多半會發出「咕」或「嘎」的聲音。這種時候請仔細觀察狗狗的舌頭，如果呈現藍紫色時就必須注意。

此外，如果打呼的情況突然變得嚴重或流鼻血時也必須留意。

這種情況必須小心

狗狗安靜時，飼主應該聽不見牠的呼吸聲。但是有些狗狗平常就會發出「咕——咕——」的呼吸聲，那是因為軟齶（避免空氣或食物直接進入肺部的蓋子）天生較長的關係。

另外也有些狗是天生鼻孔堵塞，空氣的通道變窄，因此呼吸時會發出聲音。對於這些情況都必須要注意。

必須留意。

該如何治療？

在日常生活中，如果只是打呼而沒有出現其他異常，則或許無須過度擔心。

不過稍微運動後或亢奮時，如果舌頭馬上變藍紫色或是不斷出現呼吸困難的情況，有時恐怕就必須動手術，所以建議飼主前往獸醫院與醫師仔細討論狗狗的日常生活。

另外，鼻腔裡的腫瘤變大時也會出現同樣的症狀，這種時候還會伴隨著流鼻血、臉部浮腫等症狀。

發炎引起的腫塊可利用抗生素或消炎藥消腫，但如果是腫瘤，則必須透過手術取出。

即使鼻子和喉嚨沒有問題，心臟一旦出毛病，也會出現咳嗽症狀。這種時候的咳嗽聽起來像是喉嚨發出「咕」或「嘎」的打呼聲。心臟肥大、心臟瓣膜閉鎖不全等疾病尤其好發於老狗身上。這些問題也必須靠藥物治療來穩定症狀。

小筆記 只要覺得狗狗有些不對勁，就應該盡早前往就診。

Dr.川口的建議

若幼犬就出現嚴重打呼的情形，建議盡早前往獸醫院治療。如果放任不管，將會造成心臟的負擔，進而影響成長。若是上了年紀後才開始打呼或喉嚨發出「咕」、「嘎」等雜音，很可能就是心臟疾病的警訊。

第1章 12

口水多、有口臭

造成口水與口臭的最大原因是牙周病。牙結石會引發牙周炎，最後甚至造成牙齒脫落，必須注意。

什麼原因？

可能是

●口腔潰瘍（口瘡）　●舌頭潰瘍
●牙周病　●口腔腫瘤　等。

此症狀的特徵是？

牙周病是因為牙結石引發牙齦炎，最後惡化為牙周炎。一旦變成牙周炎，齒槽骨發炎，牙齒就會鬆脫，甚至刮破臉頰皮膚，造成出血流膿。

及早注意的關鍵

如果介意狗狗大量流口水或發出口臭，可檢查一下牠的口腔。狗狗的牙齒表面如果附著有黃色牙結石，立刻就能看出原因。如果幾乎沒有牙結石，則可能是口腔內或舌頭有問題。不過這種時候狗狗會因為極度疼痛而不喜歡飼主碰自己的嘴巴，所以飼主在檢查狗狗口腔時必須小心。另外，如果狗狗的舌頭腫大或口腔內有發炎，有時狗狗就會把舌頭伸在外面。

這種情況必須小心

口腔中有問題時，無論任何場合，即使是吃飯時，狗狗也會因為碰到東西而疼痛，而使得食物從嘴巴零星掉出。之後如果疼痛加劇，狗狗甚至會出現食慾不振的情況，因而不喜歡堅硬的食物，只吃柔軟的食物。

一旦出現這些症狀，就是口腔疾病的警訊。飼主必須仔細觀察狗狗的狀況。

口腔潰瘍、舌頭潰瘍最明顯的特徵就是口水出現惡臭，而且狗狗會因為疼痛而食慾不振。所以請飼主仔細觀察牠們的情況吧！

該如何治療？

接受定期疫苗注射或瘧疾防治時，務必請獸醫師看看牙結石狀況，如果太嚴重就請醫師幫忙清除牙結石。

狗狗清除牙結石必須全身麻醉，因此事前預防牙結石的產生會比較妥當。

如果惡化到牙周炎的階段，多半必須長期施予抗生素或消炎藥治療，而且齒槽骨甚至還會變形。

若發炎區域擴散，臉頰皮膚就會出現破口，而可能需要消毒傷口，進行縫合手術。

若是舌頭發炎，一般可利用藥物治癒，但口腔腫瘤則另當別論。

舌頭、牙齦、齶、臉頰黏膜等處出現的腫瘤較不容易發現，因此往往會延誤治療的良機，最後就必須透過手術切除病灶。若是惡性腫瘤，則很可能會轉移到肺臟或其他器官。

小筆記

清除牙結石之後，別忘了給狗狗具有預防牙結石效果的處方飼料。預防勝於治療。

Dr.川口的建議

牙結石與腫瘤必須透過定期口腔檢查始能得知。因此建議從幼犬時期就訓練狗狗養成讓飼主看口腔內側的習慣，這樣可以偶而在家裡替狗狗進行檢查。另外，市面上販售了許多狗狗專用的刷牙用品。使用潔牙液和牙刷，一起預防牙結石的附著吧！

第1章 13

整晚吠叫

狗狗一入夜就不明原因的開始吠叫，而且持續一整晚，這種情況多半發生在老狗身上。這是罹患犬失智症的警訊之一。

什麼原因？

可能是

● 犬失智症。

此症狀的特徵是？

近年來，因為狗食愈來愈精良，再加上多數的狗狗都有進行各類疾病的預防及除蟲，因此壽命愈來愈長。

並不是上了年紀的狗狗就一定會得到犬失智症。但是有愈來愈多

及早注意的關鍵

除了夜間行動外，原本的普通行為也逐漸出現犬失智症的症狀。

● 飼主叫狗狗的名字時沒有反應。聽不懂飼主所說的話或不認得飼主。
● 原本學會的能力都不會了。
● 老是把頭朝向窄小空間或房間角落。
● 原本會在特定地點排泄，現在卻不會了，開始隨地大小便。

這種情況必須小心

當出現各種犬失智症症狀時，飼主首先必須學會辨識。即使出現犬失智症症狀，飼主的情緒也能夠讓狗狗放鬆。瞭解這些症狀才能夠更巧妙地應付失智症，溫柔地守護愛犬。

的狗狗白天時間都在睡覺，一入夜反而開始吠叫。牠們不是吠叫一整晚，就是一入夜就在房間裡、狗屋附近繞圈子來回走動。

該如何治療？

犬失智症無法治癒，最重要的是飼主的照顧。另外，只要配合獸醫院的建議，採取對應症狀的適當治療，也有機會緩和犬失智症的情況。

比方說，狗狗在徹夜吠叫或夜間行動時可對之使用安眠藥、鎮定劑來減緩這樣的情況。另外也可鋪上大張的寵物尿布墊或使用狗專用尿布來減少排泄問題。

此外，如果狗狗晚上來回奔跑，碰撞家具、牆壁，或是把頭伸進房間牆角不出來時，則可將數張浴室用的地墊組合成圓形柵欄來圈住狗狗，以防止牠發生意外。

小筆記
踩踏大便或磨蹭身體等也是犬失智症的徵兆。

Dr.川口的建議

即使出現犬失智症的症狀，飼主也應該守護愛犬到最後，盡量給牠們優質的生活。考慮適合愛犬的照護用品，可讓飼主與愛犬的心情輕鬆許多。有些健康食品對狗狗也能有所助益。

第1章 14

身體好燙

可能有生命危險，要小心

健康的狗狗在劇烈運動或亢奮後，觸摸牠的耳朵或身體時會感到比平常更熱。但是要注意因疾病所引起的發燒。

什麼原因？

可能是

- ●傳染病引起的發炎
- ●中暑　●癲癇發作
- ●藥物副作用　●腦部疾病
- ●皮膚炎　等。

此症狀的特徵是？

狗狗的正常體溫是37.8～39.3度，只要一有壓力或感到不安，就會稍微上升或下降。

及早注意的關鍵

平常就要摸摸狗狗的身體，感覺牠們的體溫。如果想要知道更精確的體溫，可以將市售體溫計插入肛門檢測。狗狗若沒精神、呼吸急促、食慾不振時就要多加留心。

另外，幼犬平常的體溫就偏高。一旦生病，多半立刻就會發燒。事先測量體溫可以及早發現，避免遺憾發生。

這種情況必須小心

長時間待在酷熱戶外或是封閉的房間裡，會造成狗狗熱衰竭或中暑，導致體溫急速上升。狗狗生活的環境也是用來判斷其身體異常與否的重點。

狗狗發燒的原因很多，多半是因為傳染病的關係。若發燒到41度以上時就會危及性命。

該如何治療？

狗狗發燒時，不可以直接給予過去醫院開立的退燒藥或幼兒使用的退燒藥，否則會找不出發燒的原因。首先必須找出發燒的原因是什麼。

如果是外傷引起發炎，一下子就能夠看出來，但肺炎、腸炎等體內的發炎則無從得知。這種時候最好是前往醫院就診。

發高燒的狗狗呼吸急促，外表看來雖然很熱，但如果天氣很冷，可能會引起風寒，以汽車載送狗狗時最好能替牠蓋上毯子。

雖然牠們身體的表面在發燒，但也不可以突然讓牠們泡冰水。

若想要幫牠們降溫，可以用稍微擰過的溼毛巾替牠們擦拭身體。

小筆記

如果發現小咬傷或抓傷，必須盡早就醫。

Dr.川口的建議

發炎引起的發燒有時可以幫助狗狗對抗某些類型的感染。發燒會讓狗狗昏昏欲睡，因此可讓身體休息，幫助恢復體力。另外，跟其他動物打架所造成的傷口，有時過2～3天就會化膿並引起發燒。

第1章 15

走路的樣子不對勁

哪一條腿在痛呢？

當狗狗散步時搖搖晃晃或改變走路方式、腳步著地的方式時，多半是腳或關節出現異常。仔細看看狗狗究竟是哪條腿在痛吧！

什麼原因？

可能是
- 外傷（割傷、刺傷）
- 扭傷、挫傷 ●關節炎
- 異位性皮膚炎 ●骨折
- 脫臼 ●韌帶斷裂
- 膝關節異位
- 先天性髖關節發育不良
- 骨腫瘤 ●神經系統疾病

等

此症狀的特徵是？

及早注意的關鍵

最重要的是每天觀察。至少當狗狗腳著地的方式不對勁時，飼主必須讓狗狗緩步行走，同時仔細觀察。狗狗專注於奔跑時，即使身上有病痛也不會表現出來。

這種情況必須小心

飼主最好在散步前後或是散步途中摸摸狗狗四條腿的腿根到腳尖和腳趾之間。如果感覺疼痛，狗狗一定會縮腳，這樣子就能查明是哪邊在痛了。

如果狗狗一開始就劇烈疼痛，或是關節變硬，幾乎動彈不得，或者腿疑似骨折般的晃動，就必須盡快送醫。

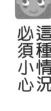

一般說來，狗狗在散步時是光著腳的，因此容易被馬路或草叢裡的玻璃碎片或釘子等異物弄傷。

若因割傷而導致出血，很容易就會立刻被發現，但若是刺傷，則有可能是位在腳底或腳趾間，不仔細看就很難發現。

如果狗狗走路時縮起四條腿的某一條，或是走路方式與平常不同，多半是因為關節或四周肌腱、肌肉出現異常。

該如何治療？

處理割傷、刺傷的第一步是先確認傷口是否殘留玻璃碎片或野草的果實。如果有，就必須謹慎清除乾淨。有時腳趾間會發現蝨子，此時最好用鑷子等工具夾除，避免蝨子的頭部殘留在狗狗身上。

狗狗明明沒有外傷，腿卻感到疼痛時，必須找出在什麼情況下會痛。譬如是用手按壓的壓迫性疼痛，或是關節彎曲時會痛等等。

如果出現輕微疼痛，建議暫停散步2~3天確認情況。這段期間也盡量別讓狗狗在高低差較大的場所奔跑、跳躍。如果2、3天之後疼痛的情形仍沒有好轉，就要帶狗狗上醫院。

小筆記

觸碰狗狗縮起的腳時，要小心別被咬了。

Dr.川口的建議

大型犬容易罹患髖關節方面的遺傳性疾病，好發期多半在出生6個月到1歲左右。小型犬則經常發生膝關節異位的情況。兩者都是發生在後腳，因此平常就應該仔細注意觀察。

第1章 16

眼睛變得白濁

眼睛最誠實，要注意！

眼睛白濁可能是角膜嚴重發炎、角膜本身白濁，或是眼球內的水晶體變白濁，也就是白內障。

什麼原因？

可能是

●角膜潰瘍
●白內障　等

此症狀的特徵是？

若眼球表面的角膜發炎並逐漸惡化，角膜的一部分就會變成白濁狀，這就是角膜潰瘍。角膜遭到尖銳物品戳傷時也會發生這種情況，因此平常須格外注意。

及早注意的關鍵

狗狗罹患結膜炎、角膜炎時，會用前腳一直去搔眼睛四周，此時必須注意。

用筆燈或手電筒仔細觀察眼睛，會發現眼球表面有一部分像溶化似的被削去一層，這就是角膜潰瘍。如果放任不管，潰爛範圍可能會擴大，所以必須留意。

這種情況必須小心

狗狗超過5～6歲時，老化造成的白內障會逐漸惡化。

初期不會影響日常生活，但是隨著白內障惡化，狗狗在明亮場所的行動會變得遲緩，水晶體（眼睛內的透鏡）也會變得白濁。

白內障惡化到最後，水晶體會變得混濁，幾乎看不見，因此狗狗走路時經常會撞到東西或討厭移動。

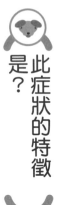

至於白內障則是先天性的異常（一出生就有）以及其他原因所造成的後天性的白內障。後天性白內障的成因除了老化之外，還有外傷、中毒、糖尿病等原因。

白內障初期不會引發視力問題，但若逐漸惡化，則會造成視力衰退，並且併發青光眼。

該如何治療？

角膜潰瘍一般可透過外用眼藥、抗生素、消炎藥等治癒。但是如果潰瘍的範圍太深，為了保護角膜，恐怕就必須動手術。

無論如何，盡早前往醫院接受手術，在病情惡化之前開始接受治療才是良策。在家裡也建議使用伊莉莎白項圈（指環繞脖子的大型隔離罩，俗稱喇叭罩）等注意避免發炎情況繼續惡化。

白內障大多使用外用眼藥抑制惡化，但最近也出現了以手術恢復衰退視力的治療方式。

一般獸醫院鮮少進行這類手術，建議前往大學附屬醫院或有專科醫師的獸醫院。

小筆記

狗狗的黑色瞳孔若是帶點白色，可能已經罹患了白內障。

Dr.川口的建議

狗狗若是與貓或多隻狗狗一起生活，容易因為嬉鬧而弄傷角膜，必須多加留心。白內障剛開始時在白天陽光下或夜晚燈光下不易被發現，建議最好在光線較暗的場所檢查狗狗的瞳孔。

第1章 17

呼吸有問題

呼吸是健康的觀測指標

健康的狗狗在劇烈運動後，或是待在酷熱室內時，會張大嘴巴喘氣。在這種時候，必須注意這是否為疾病的前兆。

什麼原因？

可能是

●發燒 ●支氣管炎 ●肺炎

●肺氣腫 ●橫膈膜異常

●胸腔積存液體或氣體的心臟疾病

●食道、氣管內有異物

●血液方面的疾病 等

此症狀的特徵是？

狗狗的呼吸在稍微興奮或天氣熱時會變得急促，同時在安靜或睡覺

及早注意的關鍵

預先觀察狗狗平常安靜時的呼吸狀態，另外也要注意牠們腹部的動態。

若狗狗使用腹部肌肉劇烈深呼吸，就表示牠們很痛苦。這種時候就必須觀察舌頭的顏色。

健康的狗舌頭是正常的鮮粉紅色。如果變成藍紫色，首先要考慮的是狗狗是否生病了。

這種情況必須小心

發燒，有時也是造成呼吸異常的原因。如果是這種情況，一旦退燒，狗狗的呼吸也會趨於穩定。詳情在54頁中也有提到，敬請參考。

時也會出現因疾病而產生的呼吸急促的情況。

造成這種狀況的原因眾多，其中有些原因必須做出緊急處置，因此千萬不要大意。

該如何治療？

如果原因是發燒，則一旦退燒，狗狗的呼吸也會恢復穩定。若狗狗平常的呼吸總是急促，甚至有時還摻雜著咳嗽，則可能是罹患了呼吸道的疾病。建議在演變成慢性病之前，盡快接受適當的治療。

另外也要考慮狗狗居住、生活的環境。最好避免在冬天早晨、夜晚空氣冰冷的時間帶狗狗出門散步。

如果狗狗是養在室內的，則必須注意別在這些時間開關門，或是避免室內過於乾燥。

患有心血管疾病的狗狗也會出現呼吸急促的現象，此外還會伴隨有容易疲倦、舌頭呈藍紫色等症狀。

若是狗狗從家中逃脫，或是散步時離開飼主身邊，過一段時間回來時，出現了不斷劇烈呼吸、氣喘吁吁的情況，則狗狗或許在這段時間遭遇了交通事故或其他意外，造成橫膈膜異常，或者部分肺臟遭到撞擊，導致空氣或血液等液體積在胸腔內。碰到這種情況時請務必盡快前往醫院。

小筆記

有客人來家裡就會很興奮的狗狗，必須事先關在無法直接看到外人的地方。

Dr.川口的建議

飼主平常能夠檢測狗狗健康最簡單的指標就是呼吸。請記下狗狗健康時、靜靜睡覺時每分鐘的呼吸次數。另外，利用健康檢查也可發現狗狗是否罹患有呼吸疾病。

第1章 18

眼睛下方冒出血膿

眼睛下方的臉頰部分如果有些浮腫，皮膚可能會裂開、滲血，這是牙周病的化膿冒出皮膚表面所致。

什麼原因？

可能是

●牙周病 ●流淚症
●鼻竇炎　等

此症狀的特徵是？

臉頰皮膚裂開流出血膿的起因是口腔裡或牙齒四周發炎所造成的。牙結石附著，牙齦炎惡化成牙周病，牙齒根部化膿、發炎，最後累積的膿無處可去，因此冒出皮膚流

及早注意的關鍵

當發現狗有口水與口臭的問題時，首先必須看看口腔裡是否有牙結石，確認口腔是否發炎。請參考50頁。

牙齦若是紅腫或是萎縮露出較多的牙齒，表示牙齦炎情況已經惡化得相當嚴重了。

仔細觀察並輕觸狗狗眼睛下方的臉頰部分，確認是否腫脹或者有硬塊，如果有則必須留心。

這種情況必須小心

平常總是淚眼汪汪，或是以鼻子呼吸時，鼻腔會發出「嘶嘶」一聲，這種時候必須小心！這很可能是狗狗眼睛下方或臉頰底下出血並化膿的情況。如果繼續放任不管，情況很可能惡化，建議最好前往醫院就診。

平日如果有注意狗狗牙齒的清理，就無須擔心狗狗罹患此疾病。餐後用牙刷清理或用溼紙巾擦拭狗狗牙齒都是好方法。

了出來。

除了牙結石外，狗狗鮮少發生的蛀牙，或者當細菌從斷裂牙齒的牙髓入侵時，也會造成這種情況。

該如何治療？

首先要清除牙結石，及早治療才是預防此疾病的重點。另外，狗狗如果罹患了鮮少發生的蛀牙，或是咬了硬物、發生意外導致牙齒斷裂，這些情況也建議盡早治療。眼睛下方如果腫脹，只要在皮膚裂開之前施予內科藥物治療，也有機會抑制腫脹。

但是皮膚一旦裂開，就必須進行手術才能夠痊癒。無論如何，若是沒有處理掉化膿或發炎等病灶，仍然很有可能復發，所以請飼主務必注意。

狗狗平常總是淚眼汪汪，臉頰附近也因為眼淚而濕答答時，如果沒有經常擦拭保持乾淨，很可能會因細菌感染而造成皮膚發炎、紅腫。只是掉毛或發紅，不見得會流膿，但若是忽視不處理，感染範圍將會擴大。

小筆記

鼻炎、鼻竇炎如果發炎嚴重，也可能會流膿。

Dr.川口的建議

罹患牙齦炎時，除了臉頰紅腫外，眼睛下方也會紅腫。定期確認口腔的情況可預防出現嚴重的症狀。另外，狗狗不喜歡讓人觸摸口腔內側，也不喜歡被強迫張開嘴巴。特別是成犬，很可能會暴動或咬人。

第1章 19

經常淚眼汪汪，出現眼屎

眼球、眼睛四周一旦發炎，狗狗就會流淚、有眼屎、經常眨眼睛。而睫毛倒插的狗狗也會因為睫毛刺激眼球導致出現同樣的症狀。

什麼原因？

可能是

- 眼瞼或睫毛異常（眼瞼內翻症、眼瞼外翻症）
- 結膜炎
- 角膜炎　等

此症狀的特徵是？

眼瞼內側的結膜有灰塵或髒汙入侵導致發炎，稱為結膜炎。

狗狗如果覺得搔癢或不對勁，就會用前腳揉眼睛，造成眼睛四周發

及早注意的關鍵

早上醒來時，若狗狗的臉上沾著一堆眼屎或不斷流著眼淚，就必須翻開眼皮確認看看，若下眼瞼內側發紅就是結膜炎。

此時也要仔細檢查眼球，如果像受傷一樣呈現白濁，很可能是角膜炎或角膜潰瘍，這表示，這些淚眼汪汪或有眼屎的狗狗平時經常用前腳搔抓眼睛。

這種情況必須小心

結膜炎、角膜炎可能是因為睫毛的生長方向錯誤或眼瞼翻轉而引起。

下眼瞼外翻的狗狗，因為結膜經常接觸外在空氣而受到刺激，因此容易發炎。

當然如果上下眼瞼是往內翻，眼瞼上的眼睫毛就會跟著刺激角膜，引起發炎。

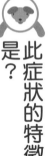

炎，或是傷害眼球表面的角膜，引起發炎。這就是角膜炎。

眼瞼和眼睫毛往內側生長刺激眼球的情況，稱為眼瞼內翻症。

相反地，眼瞼和眼睫毛朝外生長，總是能夠看見結膜的情況，則稱為眼瞼外翻症。

該如何治療？

如果罹患輕度角膜炎、結膜炎，使用外用眼藥或內服藥物就能夠治癒。這種時候最重要的就是避免揉眼睛。

飼主能夠經常注意當然最好，但是狗狗總有獨處的時候，這種時候建議可使用伊莉莎白項圈。

若因眼瞼內（外）翻症而導致結膜炎、角膜炎不斷發生，建議最好盡早動手術。即使因為眼瞼內翻症而拔掉睫毛，睫毛仍會長出來刺激眼球。

在某些季節時，狗狗容易流淚，例如：空氣乾燥、風強的冬天，以及粉塵、花粉多的春天。狗狗如果受不了這些眼睛刺激，就會引起發炎、流淚，所以必須留心。

小筆記

因為某些原因而觸碰眼睛，很可能會造成病情惡化，必須留意。

Dr.川口的建議

眼珠子向前大大突出的巴哥犬、西施犬經常會弄傷角膜，所以必須小心。另外，臉頰四周的狗毛太長、會跑進眼睛的馬爾濟斯、約克夏梗犬等則容易罹患結膜炎，這點請務必注意。

第1章 20

突然不能走路

這是心臟疾病的警訊！

狗狗討厭走路或運動，如果不是因為腿部異常，很有可能是心臟逐漸出現了問題。定期檢查有助於及早發現。

什麼原因？

可能是

- ●四肢疾病
- ●肺臟、支氣管疾病
- ●心臟疾病（心絲蟲病、二尖瓣閉鎖不全）等

此症狀的特徵是？

心臟疾病包括心臟天生畸形，以及狗狗成長到某個程度時會罹患的心絲蟲病等。另外有些狗狗則是心

及早注意的關鍵

先天心臟異常的狗狗，從小只要稍微動一動，立刻就會疲倦，平常呼吸也總是急促，有時還會咳嗽。另外舌頭也多半呈現藍紫色。

這種情況必須小心

隨著年齡增長而出現的心臟疾病會讓原本喜歡散步的狗狗半路就停下腳步，或者只想快點回家等，出現討厭運動的舉動。仔細觀察狗狗的情況，如果覺得不對勁，建議盡快前往醫院。

另外，有時即使心臟沒有問題，狗狗也會突然不願走路。這種情況多半是散步中的狗狗在表達自己的身體不適。

臟瓣膜異常而出現症狀。

該如何治療？

若心臟天生畸形的狗狗在出生不到6個月就出現各種症狀，主人卻忽視不加以治療，則狗狗有可能會死亡。

有些心臟天生畸形的狗狗症狀較輕，只要有飼主的幫忙，利用飲食治療並保持安靜，也能夠活得相當久。

若是心絲蟲病導致的心臟疾病，除了對心絲蟲病進行根本治療外，也必須同時使用藥物幫助心臟活動。但最重要的是必須預防心絲蟲病，避免心絲蟲病的成蟲寄生在心臟。

如果罹患的是二尖瓣閉鎖不全，則隨著狗狗的年紀愈大，發病的機率會愈高。

另外，此疾病若是不接受治療，就會逐漸惡化。飼主必須針對此疾病的惡化程度逐漸減少運動量、並行減少鹽分的飲食治療，如此就能夠幫助狗狗生活。定期前往醫院接受檢查、服藥等也能夠提高成效。

Dr.川口的建議

即使狗狗罹患了心絲蟲病，依照現在進步的治療方式，若只是初期症狀，則可消除心絲蟲。如果狗狗平常沒有接受檢查或預防，就必須要盡快前往醫院。要預防其他類型的心臟病相當困難，不過心絲蟲病卻可以預防。若怠於預防，狗狗將會遭受莫大的痛苦。

小筆記

腳底受傷或腳痛時，狗狗也會拒絕走路。

第1章 21

搔耳、搖頭

注意可能是耳朵有問題的警訊

狗狗搔抓耳朵附近，或是頻頻甩頭時，就表示牠的耳朵出現了異常。可能是耳朵的皮膚病或是耳內發炎、有異物進入耳朵等。

什麼原因？

可能是
- ●外耳炎 ●外耳道炎
- ●中耳炎 ●內耳炎
- ●耳血腫 等

此症狀的特徵是？

從狗狗耳朵外側延伸到深處的外耳道容易發炎。原因在於耳垢中附著有細菌和酵母菌，所以容易造成耳朵黏膜發炎，或是耳疥蟲寄生而

及早注意的關鍵

狗狗頻頻搔抓耳朵附近、側著頭或甩頭時，很可能是耳朵出現了異常。若症狀持續惡化，會從一開始的搔癢變成疼痛，甚至狗狗會不願意讓飼主觸碰牠的耳朵。

這種情況必須小心

耳朵異常時，狗狗會在半夜突然醒來，或是搔抓耳朵，或是因為疼痛而嗚咽。出現這些症狀時，首先必須檢查耳朵，確認狗狗的耳垢是否很多，耳朵內是否塞住，或耳朵是否發燙。

另外，長毛種、狗毛濃密的犬種、塌耳犬種等的耳內容易累積熱氣、灰塵等，這些也是造成發炎的原因。

引起疥癬症等。

這類外耳道發炎的情況若是長久持續下去，恐怕會擴散成中耳炎、內耳炎或耳朵外側皮膚炎等。

該如何治療？

建議盡早發現症狀前往醫院接受治療。這種疾病如果放任不管，就會逐漸惡化，造成耳朵深處、耳朵入口及四周的發炎。

耳朵有疥蟲時，必須同時治療發炎並驅除疥蟲。

飼主如果想要使用掏耳棒清潔狗狗耳朵，可能會傷害狗狗的耳朵黏膜，或將耳垢推進深處造成惡化、慢性疾病。因此首先應該前往醫院接受適當治療後，再請教醫生可在家中進行的處理方式。

另外，即使病症減輕了，也不可以半途停止治療，否則會造成復發的可能，所以請耐心治療直到完全痊癒為止。耳朵的治療時間多半會花上較長的時間，所以請徹底貫徹治療吧！

小筆記

外耳道上有許多耳毛的犬種建議除毛，以避免沾附髒污。

Dr.川口的建議

平常洗澡時，必須留意沐浴乳是否有跑進狗狗的耳朵裡。洗澡時只要事先將藥局販售的棉花塞住狗狗耳朵即可。幫狗狗洗完澡後，則請務必以棉花等輕輕擦拭狗狗的外耳道以保持乾燥。

第1章 22

耳朵腫大

耳朵裡頭沒問題嗎？

耳廓是指立耳、塌耳等耳朵外側的部分，由皮膚與軟骨構成。若是這部位發生了腫大，將會引發耳血腫，造成狗狗嚴重疼痛。

什麼原因？

可能是

- 耳血腫（也稱為耳廓血腫）。

此症狀的特徵是？

如果耳廓四周，以及由耳道口向內延伸的外耳道發炎，或是沾附了壁蝨、跳蚤等寄生蟲、草木果實等，此時狗狗會用腳搔耳朵或甩頭，而這舉動就會造成耳血腫的發生。

及早注意的關鍵

如果狗狗出現偏著脖子或頻頻搔耳朵等動作時，有可能是罹患了外耳道炎或耳廓皮膚炎等疾病。飼主若仔細用手觸摸狗狗的整個耳廓，將可找到由血液凝結而成的袋狀腫瘤。通常，不願意讓飼主碰耳朵的狗狗也許平常也不願意讓飼主清理耳朵。這類狗狗的左右耳朵位置可能稍有偏離，也可能患有耳血腫等疾病，因此必須留心。

這種情況必須小心

一旦演變成耳血腫，血液就容易在耳廓上結塊。重點是要有耐性地接受治療，因此飼主就要多加費心了。另外，為了避免症狀惡化，平日就必須注意狗狗耳朵內側的情況。

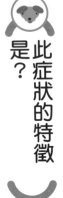

該如何治療？

若狗狗的耳朵腫大，有時能夠自然痊癒，但通常來說，必須先治療造成腫大的外耳炎等毛病。

接著是去除凝結的血塊。血塊去除後仍會再度堆積，因此必須持續治療到完全痊癒為止，不可以中途放棄。

這個疾病如果長時間持續下去，血塊會化膿，等到耳血腫痊癒後，耳廓會大幅變形並改變耳朵的形狀。

耳血腫的治療相當費事，有時甚至必須動手術。更重要的是此疾病會造成狗狗疼痛，請務必觀察狗狗的狀況，及早就醫治療。

小筆記

所謂耳血腫就是耳廓血管破裂，在皮膚與軟骨之間發生內出血的情況。

Dr.川口的建議

如果放任這個疾病不管，血塊的量會增加，範圍也會逐漸擴大。直到完全痊癒為止都必須避免狗狗繼續搔耳朵。另外，有不少狗狗討厭人家觸碰牠的耳朵，因為這項疾病會造成狗狗的疼痛，所以最好在幼犬時期就養成狗狗清理耳朵的習慣。

第1章 23

牙齦與眼白呈現黃色

健康狗狗的牙齦呈現偏紅的粉紅色。如果變成黃色，就是黃疸症狀的警訊。黃疸是肝臟、血液疾病的重要指標。

什麼原因？

可能是
- ●溶血性貧血　●中毒
- ●肝臟疾病
- ●心絲蟲病　等。

此症狀的特徵是？

出現牙齦與眼白變黃的黃疸症狀，表示狗狗身上有造成黃疸的疾病，而黃疸正是此疾病的症狀之一。出現在狗狗身上的症狀會根

及早注意的關鍵

黃疸只是症狀之一。如果原因是出自溶血性貧血，則首先會喪失食慾、有吃東西卻變瘦，或是不斷腹瀉、便秘。無論何種情況，只要在黃疸出現之前先發現就無須擔心。如果一旦出現黃疸，即使不嚴重，也務必盡早前往醫院就診。另外，小便莫名偏黃也是黃疸的症狀之一。所以飼主平日請別忘了確認狗狗小便的顏色。

這種情況必須小心

一旦出現黃疸，就必須前往醫院就診，找出引發問題的疾病並加以治療。只要解決了根本的原因，黃疸應該就能夠逐漸痊癒。所以發生黃疸時的第一步就是上醫院。

據罹患的是溶血性貧血，也就是血液中的血球成分受到損壞，或是肝炎、肝硬化等肝臟疾病等。另外，心絲蟲病末期也會出現黃疸。

該如何治療？

造成溶血性貧血的原因可分為免疫媒介溶血性貧血（Canine Immune-Mediated Hemolytic Anemia，簡稱IMHA）（自體免疫溶血性貧血）、傳染病、中毒。

免疫媒介溶血性貧血多半是突然發生的，因此很難預防。

傳染病引起的溶血性貧血亦稱為「犬焦蟲症」（Babesiosis）。此疾病是稱為焦蟲的寄生蟲以蝨子為媒介，寄生在紅血球上所引發的貧血。因此只要防止蝨子寄生，就能夠避免狗狗罹患犬焦蟲症。

中毒引起的溶血性貧血則是以「洋蔥中毒」最具代表性。大量攝取或持續食用洋蔥類食物就會發病。除了避免給狗狗吃洋蔥和青蔥外，連洋蔥、青蔥熬煮的湯汁也不可以給狗狗喝。

除此之外，藥物造成的肝臟疾病可透過健康檢查抽血檢驗、確認肝臟機能時發現。肝臟出現問題時，外觀上很難看出症狀；等到出現症狀時，通常疾病已經惡化到相當嚴重的地步了。

小筆記

重點不是在於症狀如何，而是在於飼主平日與狗狗親密與否。

Dr.川口的建議

牙齦和眼白變成黃色，可能是由許多因素所造成的。一發現狗狗不對勁，就應該盡快看醫生。只要找出原因，黃疸應該就能夠逐漸痊癒。黃疸症狀可藉由觀察牙齦、眼白來確知，是相當容易辨別的疾病症狀之一，因此平常就應該好好注意。

第1章 24

從椅子上跳下時發出怪聲

當狗狗從平常可輕鬆上下的椅子跳下時，若出現劇痛狀況，可能是四肢骨頭、肌肉，尤其是膝蓋韌帶的疼痛。

什麼原因？

可能是

- 四肢骨折
- 脫臼　扭傷挫傷　韌帶損傷

等。

此症狀的特徵是？

即使是平常可隨心所欲跳下的高度，如果腳的著地方式不對，就很可能造成扭傷、挫傷，嚴重時甚至會導致骨折、脫臼、韌帶損傷。意

及早注意的關鍵

如果意外是在飼主眼前發生的，應該能夠立刻發現。但如果意外發生在飼主所看不見的地方，只要突然聽到狗狗「汪！」地一叫，首先就應該快點來到狗狗身邊，確認牠是否能用四條腿穩穩站立？有沒有哪一條腿無法碰地？

若狗狗身負重傷，則千萬不要立刻抱起狗狗或觸摸牠。

這種情況必須小心

如果發現狗狗受傷，請溫柔觸摸牠的全身。等到原本亢奮的狗狗冷靜下來，再以按摩的方式觸摸牠疼痛的腳，使之腿部的關節彎曲、伸直。

假如狗狗出現極度疼痛的反應，則有可能是骨折、脫臼或韌帶受傷。如果沒有出現劇烈疼痛的反應，則可觀察看看狗狗的走路方式或腳著地的方式。

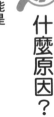

外發生後，狗狗的腳會完全無法著地或只能以腳尖小步移動。光是輕輕觸碰牠受傷的腳，也會顯得十分疼痛。

該如何治療？

扭傷、挫傷有程度上的差異，有些情況只要靜養2～3天就不再疼痛，有些時候則會在一段時間內，狗狗的走路方式都很奇怪。

若看起來，狗狗的其中一條腿會痛，牠就會以其他三條腿走路或跑步，來掩護受傷的腿，如此一來會增加其他三條腿的負擔，以致引起發炎。至於骨折與脫臼等情況是無法自行痊癒的，最好將疼痛的部位加上小塊板子或棒子，再以綳帶或毛巾固定，或是裹上厚紙板之後，前往醫院就診。

韌帶損傷造成的疼痛，快的話大約3～4天就會復原。只是如果就這麼放著不管，周圍的組織也會受傷。

若沒有接受治療而造成慢性疾病，那麼，恐怕將會引發原本會痛的那條腿的其他部位的關節炎。

小筆記

狗狗蹦蹦跳的樣子雖然可愛，不過讓牠們靜下來也很重要。

Dr.川口的建議

狗狗突然跑步或跳躍都是會造成意外的原因。尤其是4歲以上的小型犬，或是5歲左右的活潑大型犬容易發生前十字韌帶斷裂，因此必須特別留意。另外體重過重，或是因關節炎所苦的狗狗，其韌帶所承受的負擔較大，因此也必須留心。

第1章

25 肚子腫脹

明明不是變胖，狗狗的肚子卻鼓脹起來，呼吸也變得急促。這種時候很可能是腹內有積水。

什麼原因？

可能是
●腹水 ●便秘 ●肥胖
●懷孕 ●寄生蟲病
●犬子宮蓄膿症 ●極性胃扭轉
●膀胱擴張 ●腹部腫瘤 等。

此症狀的特徵是？

只有腹部莫名膨脹變大時，很可能是有液體累積在肚子裡，也就是腹水。

及早注意的關鍵

明明飼料份量沒有改變，狗狗卻只有肚子變大，而且仔細一看，狗狗全身也骨瘦如柴，這種時候很可能就是產生了腹水。

呼吸變得急促也可能是因為腹水的關係。便祕和肥胖當然有可能造成肚子變大，飼主只要觀察每天生活中的飼料用量、排泄量、運動量，就能夠分辨其中的差異。

這種情況必須小心

此種症狀也需要對平日的生活仔細觀察。只要確認狗狗每天的飲食、排泄等即可。另外，狗狗有時會突然想上廁所，此時也不要忽略任何微小的變化，只要感到擔心，都可以找獸醫師討論看看。腹部因為腹水而腫脹時，往往會壓迫到胃部，造成狗狗無法進食，同時飼主也必須留意自己是否有狗狗的飼料都不夠吃的錯覺。

引起腹水的原因包括心臟疾病、肝臟疾病、腎臟疾病、心絲蟲病等。腹水累積過多時，會逐漸壓迫到胸部而造成呼吸急促。

該如何治療？

首先，當腹水嚴重妨礙呼吸或造成呼吸困難時，就必須盡早排除。緊急時，獸醫師可用插針方式來抽取腹水。

接著是檢查造成腹水的原因，找出罹患的疾病再決定治療方法。也就是說，除了治療心臟、肝臟等造成腹水的疾病外，也必須接受減少腹水的治療。

另外，腹水中含有大量身體所需的蛋白質、葡萄糖等。有些食物因為疾病的關係不能給狗狗食用，不過飼主如果能夠替牠們準備容易消化、富含蛋白質、碳水化合物的飼料，也可幫助狗狗早日痊癒。

腹水初期在外觀上幾乎看不出來，因而很難發現，所以飼主平日就應該留心狗狗微小的變化。

小筆記

如果母狗懷孕了，就必須盡快想清楚後續該如何處理。

Dr.川口的建議

狗狗的肚子突然膨脹、呼吸似乎很難受之時，建議盡快前往獸醫院就診。如果放著不管，很可能會拖延病情。另外，如果是飼養在室外的母狗，也有可能是懷孕了。其他還有子宮充滿膿水和黏液造成腹部腫脹，這種情況也必須小心。

第1章 26

身體搔癢

也許罹患了皮膚病

造成身體搔癢的皮膚病，可能是因為體外寄生蟲所造成的過敏等。但也有些情況不見得會出現搔癢症狀，所以必須留意。

什麼原因？

可能是
●體外寄生蟲 ●跳蚤 ●壁蝨
●疥癬症（疥蟲）
●犬毛囊蟲症（蠕行蟎）
●狗蝨 ●膿皮症 ●真菌病
●過敏性皮膚炎 等。

此症狀的特徵是？

狗狗對於癢，通常無法忍耐，所以會持續搔癢直到掉毛、出血。牠

及早注意的關鍵

如果出現搔癢，首先要仔細看看發癢處的毛與皮膚。造成發癢症狀的原因不同，治療方式也迥異。

另外，狗狗的體質也會產生不同反應，必須仰賴飼主平日注意狗狗是否有過敏或罹患其他疾病。

此外，黴菌所引起的真菌皮膚炎如果不前往醫院治療則無法痊癒。

這種情況必須小心

搔癢部位的皮膚發紅或掉毛而出水時，就是皮膚炎。此時用肉眼就可看到跳蚤、壁蝨、狗蝨等體外寄生蟲。

跳蚤移動快速，除非身上寄生大量跳蚤成蟲，否則不易找到。但可在狗毛根部找到黑色髒污般的跳蚤排泄物，或在刷毛時看見掉落的蟲蛹、蟲卵。

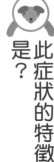

們會咬住腳無法抓到的尾巴或尾巴根部，企圖減輕搔癢，結果卻導致掉毛。

出現這類搔癢症狀時，有時會出現明顯的皮屑，或是全身皮膚發紅，或是出現溼疹、疥癬症等。

該如何治療？

關鍵在於消除導致搔癢的原因。

如果是跳蚤、蝨子所引起的，相關的除蟲藥種類繁多，有項圈式的，也有在背部滴上藥水的，還有噴霧劑、藥粉等。建議配合狗狗的生活環境選擇適合的類型。

如果是其他種類的體外寄生蟲，則可使用打針、口服藥、藥浴等方式除蟲。搔癢嚴重時，可配合使用止癢藥。

伴隨溼疹、掉毛等症狀的皮膚炎會因為細菌感染而化膿形成膿皮症。

此種皮膚炎必須使用抗生素治療，且完全痊癒的治療期很長（最長2～3個月）。

如果中途放棄治療，或是飼主自行停止用藥，很可能再度復發甚至惡化。請務必有耐性地持續治療。

小筆記

建議用膠帶黏住跳蚤丟棄最佳！

Dr.川口的建議

對跳蚤過敏的狗狗即使只被一隻跳蚤吸血，也會出現全身發紅、嚴重搔癢的症狀。這類狗狗的治療重點必須擺在預防跳蚤上。如果發現狗狗身上有跳蚤也絕對不可以壓死牠，以免跳蚤的卵散播在狗狗身上。

第1章
27

毛缺乏光澤或脫落

即使狗狗沒有不斷搔癢，毛卻沒有原本該有的光澤而且倒豎，甚至還能發現明顯的脫毛，這都是皮膚病的徵兆。

什麼原因？

可能是

- ●荷爾蒙分泌異常
- ●免疫系統異常 ●寄生蟲病
- ●慢性病 ●營養不足 等。

此症狀的特徵是？

狗狗的毛缺乏光澤，而且常掉毛時，可觀察發現到其脫毛位置變得一片黑，或者像結痂一樣，這就是皮膚炎。

及早注意的關鍵

平日幫狗狗刷毛時，如果牠的皮屑、掉毛變多，飼主就應該要注意。這些疾病不見得會搔癢，因此必須留心是否出現其他症狀。

這種情況必須小心

狗狗罹患了甲狀腺機能低下症時，除了皮膚會產生病變之外，狗狗也會變得沒精神，老是在睡覺，稍微動一下就會累等，這些都是此疾病的特徵。

若是罹患了庫興氏症候群（Cushing's Syndrome），則除了一直睡覺之外，還會有一直喝水且多尿的症狀。

免疫系統異常引起的皮膚炎則是在眼睛四周、鼻子四周、耳朵會出現掉毛、結痂的現象。

若是由荷爾蒙分泌異常所引起的，其脫毛現象多半會左右對稱，而且特徵是除了腳和頭部之外的部位都會脫毛，皮膚也會變黑。

免疫系統異常造成的皮膚炎則是臉部、耳朵會掉毛，皮膚會變紅、結痂。

該如何治療？

皮膚病的判斷很困難，必須前往醫院進行。飼主如果平常仔細觀察，就能夠詳述皮膚病初期的掉毛情況以及是否有搔癢等。這些資訊多半有助於皮膚炎的診斷。

荷爾蒙分泌異常、免疫系統異常引起的皮膚炎等治療，大多都必須持續一輩子，有時還會伴隨副作用，因此飼主最好與獸醫師討論，一同找出最好的治療方式。

小筆記

若狗毛缺乏光澤或掉毛，建議可以減少狗狗洗澡的次數。

Dr.川口的建議

身上有寄生蟲，或是營養狀態不佳，或是稍有慢性疾病的狗狗，即使沒有搔癢，也會出現狗毛無光澤或嚴重掉毛等情況。另外，有些狗狗則是因為飼主過份在意狗毛問題，因而每週刷毛數次，造成狗毛、皮膚過度乾燥而增加皮屑、掉毛。

第1章
28

身體出現腫瘤

出現在身體表面的腫瘤可能是癌！

上了年紀後，狗狗身體表面會長出類似疣的東西，其中一部分甚至會嚴重腫大。有些年輕的狗狗身上也會出現同樣的東西。

什麼原因？

可能是
●犬乳腺腫瘤　皮膚腫瘤
●淋巴瘤（或淋巴癌）骨肉瘤（或骨癌）　等。

此症狀的特徵是？

狗狗常見的腫瘤之一就是犬乳腺腫瘤，這在中高齡的母狗身上尤其常見，而且不只在單一乳腺上，觸摸多處乳腺時都會摸到一顆顆的腫

及早注意的關鍵

平日刷毛、與狗狗玩時最好能夠及早發現。

犬乳腺腫瘤的確認方式是讓狗狗仰躺，觀察乳腺。只要找到一個腫塊，請務必進一步仔細確認上下乳腺。

如果是皮膚腫瘤，狗狗會在意腫塊而舔個不停。

若是淋巴瘤，則可確認狗狗的下巴底下、腋下內側、大腿內側、膝蓋後側的淋巴結。

這種情況必須小心

當狗狗食慾不振、突然變瘦時，請摸摸狗狗的身體確認看看，或許能夠及早發現意想不到的疾病。

如果覺得狗狗走路的方式有些不對勁，飼主可由上而下按壓狗狗的四條腿，比較左右的大小，看看是否會痛，藉由這種方式即可發現異常。

無論如何，這些症狀只要平日經常進行確認就能夠發現，所以請盡量多摸摸狗狗的身體。

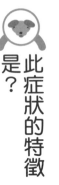

塊。

皮膚腫瘤也很常見。通常會出現在口腔內、身體上、腳上等各部位。大小與形狀也會視腫瘤類型而不同。

淋巴瘤是分佈在身體各處的淋巴腺腫大而成。多數情況下，左右對稱的淋巴結腫大的情況也會一致。

骨肉瘤是骨頭出現腫瘤，較常見於大型犬身上，這會使得狗狗的腳部腫大、疼痛、拖行，或是走路方式變得很奇怪。

該如何治療？

無論什麼腫瘤或癌症，最重要的是及早發現就能夠及早接受治療。

犬乳腺腫瘤的治療方法是將有腫塊的乳腺包含在內，進行大範圍切除手術。如果是惡性腫瘤，又太晚接受手術，則癌細胞往往會轉移到肺臟或其他臟器，因而危及性命。

皮膚腫瘤可分為良性與惡性。小的疣狀乳頭瘤屬於良性，犬肥大細胞瘤、犬鱗狀上皮細胞癌則屬惡性，會轉移到其他臟器。這些腫瘤的性質無法靠肉眼辨識，必須進行病理切片檢查，才能夠診斷出來。

淋巴瘤如果不進行治療，狗狗在數個月內就會死亡，是相當可怕的疾病。通常，接受治療的效果都很好，其後也暫時都能夠保持良好的狀態。

小筆記

精密檢查確知罹患骨肉瘤時，有時必須切除患病的腳。

Dr.川口的建議

目前針對各種傳染病都已經能夠做到預防治療，不過，腫瘤、癌症卻也持續在威脅著狗狗的生命。發現腫瘤和癌症後，不該只是害怕，更重要的是要將狗狗當作家人，協助狗狗接受治療，讓牠往後能過得更好。

第1章

29 無法獨自看家

是否有精神方面的壓力？

飼主全家外出，留下狗狗自己看家時，狗狗可能出現平常不做的行為而引發問題。這其實屬於精神方面的疾病之一。

什麼原因？

可能是

● 分離焦慮症。

此症狀的特徵是？

飼主一外出，狗狗就會極度不安、充滿壓力，而不斷胡亂吠叫，或平常原本表現良好，這時卻在不適當的地點大小便，或破壞東西等，出現問題行為。這種情況實屬於狗狗精神方面的疾病之一。

及早注意的關鍵

造成問題的行為有時會持續到飼主回家為止。

若每次飼主外出，留狗狗自己看家時，就會出現問題行為，則狗狗可能是生病了。

也許狗狗為了讓飼主注意自己，甚至當飼主在家時也會出現這類行為。

最重要的是飼主必須注意狗狗的某些行為是否只出現在獨自看家時。

這種情況必須小心

經常遇到飼養的幼犬或愛犬討厭看家的飼主說：「只要留下牠自己看家，一定會在廁所之外的地方大小便。」

這種時候大多表示狗狗很寂寞，希望受到主人注意，因此故意做出這種行為。

剛開始可以試著讓狗狗單獨在家5分鐘，接著一點一點延長時間，讓狗狗習慣單獨在家。

該如何治療？

基本上這是因為狗狗太愛飼主或家人，因此即使分開一下子也不願意而出現的問題行為。只要將這種強烈的愛情適度轉化，建立起狗狗與飼主之間美好的關係即可。因此治療方式有行為治療與藥物治療兩種。

所謂行為治療是：1在家庭中明白確立狗狗與飼主之間的關係。2讓狗狗習慣飼主的外出。3培養狗狗其他興趣。4飼主應該避免一回家就立刻接觸狗狗，待狗狗冷靜下來，再依飼主的意願陪狗狗玩。有時候治療只要持續1～2個月，症狀就能獲得改善。

另一方面，藥物治療是為了促成行為治療效果的輔助道具。但分離焦慮症不能光靠藥物治療。

偶而讓狗狗練習獨自看家也是個不錯的方法。比方說，讓狗狗獨自待在房間，即使牠吵鬧也不理會，久而久之牠就會習慣了。

小筆記

若家人太寵幼犬，有可能會妨礙狗狗精神方面的成長。

Dr.川口的建議

此問題只要飼主與狗狗之間建立適當的關係就能夠解決。即使是幼犬，如果出現問題行為也不可以責罵，否則狗狗會誤以為這麼做可以獲得飼主的注意。飼養幼犬時，必須將獨自看家列入管教訓練的內容之一。

第1章
30

邊走邊漏尿

來自小便的警訊！

舔咬屁股、追著尾巴繞圈子，或在地上邊走邊小便，這就表示狗狗的屁股有問題。

什麼原因？

可能是

●圍肛腺瘤 ●肛門腺炎（或肛門囊炎） 等

此症狀的特徵是？

肛門四周除了肛門腺外，還有其他各種分泌腺體。這些腺體一旦發炎，就會搔癢、疼痛，促使狗狗出現各種舉動，有時甚至會出血。

圍肛腺瘤是肛門四周出現大腫

及早注意的關鍵

狗狗會出現舔咬肛門四周、追著尾巴繞圈子等舉動。

另外也會一邊走路一邊滴尿。

當疼痛加劇時，在排泄時也會感到疼痛，有時甚至會出血，因此只要出現這些行為時，請拉高狗狗的尾巴，仔細觀察牠的屁股四周。

如果屁股散發出臭味，一般多是肛門腺的分泌物。

這種情況必須小心

有些飼主會因注意到狗狗的屁股很髒，擔心牠是不是拉了肚子，而帶著狗狗上醫院。

但是這種情況不是腹瀉，而是肛門腺發炎，或是圍肛腺瘤破裂造成的細菌感染。

屁股很髒時，請飼主務必仔細觀察，然後採取適當措施。

塊，腫塊若破裂就會出血或分泌有臭味的液體。

該如何治療？

肛門腺位在最靠近大小便排泄的出口處，也是狗狗坐下時直接觸碰地面的器官，因此相當容易弄髒。平時須注意清理，保持乾淨。

一旦肛門腺疾病惡化，就不容易治癒。容易累積分泌物的犬種必須每月一次替牠們擠出來。

肛門腺炎的發炎情況若是輕微，只要將肛門腺累積的分泌物全部擠出來，搭配使用藥物，就能夠痊癒。但是一旦症狀惡化，肛門腺的皮膚綻開、流膿時，就必須動手術。

另外，圍肛腺瘤則常出現在沒有結紮的公狗身上。

小筆記

分泌物累積愈久，擠壓肛門腺時狗狗就會愈不舒服。

Dr.川口的建議

肛門腺炎與圍肛腺瘤都必須避免惡化到皮開肉綻、出血流膿的階段。幼犬經常會累積分泌物，因此偶而必須幫牠擠出來。但是有些狗討厭飼主擠壓肛門腺，所以最好自幼犬時代起就養成定期幫狗狗擠分泌物的習慣。

大量喝水

身體不舒服的信號！

狗狗沒有發燒，也有好好吃飯，水卻喝得很多，這種時候就必須考慮狗狗是否可能罹患了糖尿病、庫興氏症候群；如果不吃飯，則可能是犬子宮蓄膿症、腎衰竭。

什麼原因？

可能是

- 糖尿病
- 犬子宮蓄膿症
- 腎衰竭
- 庫興氏症候群
- 腎臟病

等。

此症狀的特徵是？

如果狗狗的喝水量比平常多、尿量增加或嘔吐，可能是體內荷爾蒙出現異常，或是腎臟有問題。

及早注意的關鍵

即使是健康的狗狗，如果遇到酷熱夏季等必須辛苦控制體溫的時節，或是吃了重口味食物之後，也會比平常喝下更多的水。

另外，因為傳染病或發炎而發燒時，狗狗也會大量喝水。

沒有發燒卻大量喝水時，狗狗可能是罹患了心臟或腎臟疾病，必須十分小心。

這種情況必須小心

沒有接受結紮手術的母狗，如果開始大量喝水，即使是在夏天也必須注意。

這種時候的最大特徵就是食慾雖然不振，但喝水量、尿量卻增加了。

此時的狗狗很可能是罹患了犬子宮蓄膿症（186頁）。

罹患這種病時，外陰部多半會流膿或出現分泌物，請飼主務必留意。

罹患庫興氏症候群或糖尿病時，狗狗的食慾不會出現顯著變化；罹患腎臟病或犬子宮蓄膿症時，狗狗則會明顯的食慾不振。

如果是庫興氏症候群，其最大的特徵則是掉毛。

該如何治療？

庫興氏症候群或糖尿病都是荷爾蒙異常所導致，必須前往醫院諮詢、服藥並改善生活。

犬子宮蓄膿症可藉由藥物暫時緩和症狀，但是多半會再度復發。最完善的治療方式就是動手術摘除子宮與卵巢。

至於腎臟疾病，也必須找出原因，並接受長期治療。

無論是哪一種疾病，都可能導致嚴重的後果，因此只要一發現狗狗不明原因的大量喝水，最好先前往醫院請醫師看看。

小筆記　腎衰竭多半發生於老狗身上，牠們會頻頻喝水、頻尿。

Dr.川口的建議

荷爾蒙造成的疾病與腎臟方面的疾病都必須等到發病後才會被發現。子宮方面的疾病只要及早接受結紮手術就能夠預防。如果不希望狗狗懷孕，母狗可在出生6～7個月時進行手術，往後就無須擔心子宮、卵巢方面的疾病了。請各位考慮看看。

第1章 32

吃草

為了補充維他命？

狗狗在散步途中會咬食雜草，這是狗狗的正常行為之一。事後只要牠們的食慾、排便等沒有出現異常，就無須擔心。

什麼原因？

可能是

- ●腸胃炎
- ●毛球症
- ●缺乏維他命　等。

此症狀的特徵是？

我們可在散步途中或家中院子看見狗狗咬食禾本科的細長草類，有時牠們還會吐出原本吃下去的草。對於這種舉動有幾種說法，其中

及早注意的關鍵

咬食雜草是偶而才會見到的舉動，並非每天都能看見。

如果幾乎每天都出現這種舉動或吐草，則必須擔心也許是其他疾病。

若情況太嚴重，可帶著狗狗前往獸醫院接受檢查。

狗狗經常吃草，多半是因為胃腸不對勁，或是消化吸收不順。飼主最好重新檢討狗食，看看狗狗會不會吃得太勉強。

這種情況必須小心

基本上狗狗會選擇禾本科，也就是末端尖銳、細長的草食用。一般認為，這是因為尖銳的草容易刺激胃部。

有些狗狗也喜歡不尖銳的草，不過似乎並不多。喜歡草的狗狗或許也喜歡蔬菜，飼主可以嘗試在狗食中拌入蔬菜。

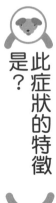

一種說法是狗狗為了攝取草中含有的維他命之一，也就是葉酸。

另外也有說法認為狗狗是因為發生腸胃炎或消化不良，需要吐出食物或促進腸胃蠕動。

該如何治療？

吃草這個行為的動機目前還不知道。不過如果吃草、吐草的舉動太過頻繁時，就必須接受治療。

狗食太油或份量太多時，狗狗腸胃會蠕動不良，因而無法順利消化、呼吸，有時還會吐。這種時候除了靠藥物照顧狗狗的腸胃外，也必須減少狗食的油脂含量。

另外，皮膚搔癢、掉毛或換毛季節造成毛球累積在狗狗的胃部時，狗狗就會生病。這時建議在狗食中多加些纖維質（蔬菜等）。

小筆記

可將高麗菜或豆芽菜切碎氽燙後餵食給狗狗。

Dr.川口的建議

餵食狗狗吃草時，必須注意草上是否有除草劑或殺蟲劑。另外也要注意，不要傷害農家珍貴的農作物或鄰居家的園藝。市面上有販售寵物專用的食用草及種子，有了這個就能夠在自己家裡種植草類，飼主也會比較安心。

第1章
33

餐後突然痛苦起來

所謂胃扭轉，是狗狗的腹部在飯後突然腫脹、難受，如果放著不管，幾個小時內就會造成狗狗死亡。罹患此疾病時必須接受緊急治療，所以要十分小心。

什麼原因？

可能是

- 急性胃扭轉
- 胃擴張扭轉症候群　等。

此症狀的特徵是？

這是經常會發生在大型犬身上的疾病，其症狀是腹部會在飯後數小時內脹大，想吐卻吐不出來，呼吸困難，一邊流口水一邊痛苦掙扎。如果繼續放著不管，舌頭會變成紫

及早注意的關鍵

吃完飯後，若狗狗弓著背，似乎想吐又吐不出來，看起來很難受時，就必須留意要立刻帶著狗狗前往醫院。

由於狗狗可能會在半路倒下，因此建議搭乘汽車或抱著狗狗前往。

抵達醫院後，仔細告訴醫生為什麼會出現這些症狀。

這種情況必須小心

為什麼這種疾病好發於大型犬身上？如各位所見，大型犬的胸腔大又深，而胃是位在腹腔的器官，正好就在胸腔旁邊，因此只要狗狗吃下遠超過胃部所能負荷的食物量，或者飯後馬上運動，胃就會在腹腔裡亂動、扭轉。

這種疾病鮮少發生在小型犬身上，不過只要是胸腔較深的犬種，都有可能罹患這種疾病。

色，眼睛黏膜也會變白，接著休克倒地，有時甚至會導致死亡，必須十分小心。

該如何治療？

一言以蔽之，必須緊急處置。大型犬如果在飯後突然很痛苦，請務必盡快送醫。

抵達醫院之前，如果家中急救箱裡有攜帶式氧氣罐，請讓狗狗戴上呼吸。

若確認是急性胃扭轉，就必須進行緊急手術。

有時扭轉範圍還包括脾臟，因此最重要的關鍵還是在於飼主能否及早發現。

胃擴張、胃扭轉在自己家中能夠進行的處置方法很有限。無論如何，請仔細觀察症狀，只要覺得不對勁就要立刻前往醫院。

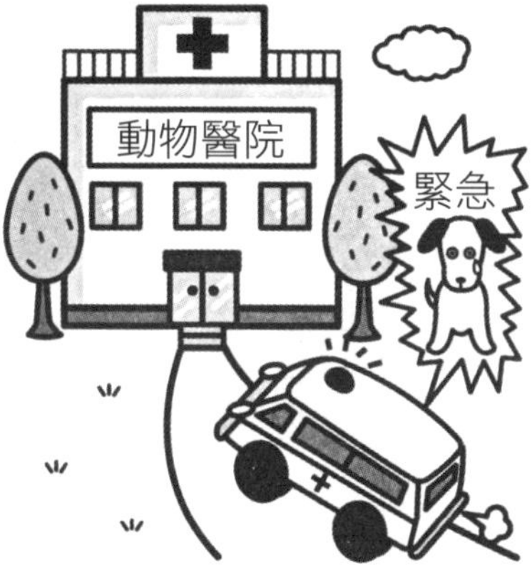

小筆記

遇到緊急情況時，首要之務是避免驚慌，冷靜下來帶著狗狗前往醫院就醫。

Dr.川口的建議

如果家中常備運動選手經常使用的攜帶式氧氣罐，臨時遇到狀況時就能派上用場。如果狗狗呼吸異常、舌頭發紫，可立即讓狗狗使用。另外，大型犬經常直接吞下食物不咬。對於這種行為也要多加留意。

第1章 34

打嗝

消化系統是否有寄生蟲？

狗狗也和人類一樣會打嗝。這種情況經常可在幼犬身上看見，有時一會兒就結束了。發生這種症狀多半是因為腸子裡有寄生蟲。

什麼原因？

可能是

●腸子裡有寄生蟲（犬蛔蟲、犬鞭蟲等）。

此症狀的特徵是？

打嗝是橫膈膜痙攣引起的，而幼犬則多半是因為消化器官有寄生蟲才會打嗝。

通常打嗝不會持續太久，幾次就會停止。如果肚子裡有寄生蟲，狗

及早注意的關鍵

有時，幼犬除了醒著時，連睡覺中都會打嗝，然後隨即又會恢復正常。

無論如何只要出現打嗝症狀，飼主就必須檢查糞便，確認狗狗肚子裡是否有蟲。

如果狗狗的糞便鬆散、沒有食慾、胃腸消化情況不對勁時，就表示肚子裡可能有蟲。

這種情況必須小心

大型犬若經常打嗝，就表示胃中產生了異常的氣體。大型犬的胃較大，有時沒有咀嚼就會一口氣吞下許多食物。

如此一來，食物在胃中無法完全消化而開始發酵，就會產生不正常的氣體。

狗食至少一天要分成2次餵食，而且飯後也必須讓狗狗休息。

狗會漸漸變得沒精神，糞便中會出現無法消化的寄生蟲。如果放任不處理，狗狗會想吐或腹瀉，所以最好盡早接受治療。

該如何治療？

如果狗狗的打嗝持續了幾分鐘，甚至是幾十分鐘，狗狗也會感到疲倦。這種時候請準備微甜的糖水或蜂蜜水讓狗狗慢慢喝。

另外，不停打嗝可能會讓狗狗想吐，這很可能是胃腸裡的食物無法充分被消化所造成的。因此狗狗會嘔吐，好讓胃輕鬆些，或是打嗝以排出氣體。

如果糞便檢查的結果發現狗狗的肚子裡有蟲，飼主就必須動手除蟲。除蟲藥應避免吃飯時服用，請選擇在狗狗空腹時使用。

除蟲藥必須能有效殺死腸子裡的蟲。如果除蟲藥與食物一同服用，則藥物會連同食物一起通過腸子，減弱了殺蟲效果，甚至導致狗狗嘔吐。

狗狗吃下除蟲藥後，如果與其他狗狗接觸，則寄生蟲很可能再度轉移，因此這點必須特別留意。

小筆記

糞便檢查能夠協助及早發現問題。最好能定期檢查。

Dr.川口的建議

對於初次養狗的人來說，幼犬的打嗝和咳嗽或許是很難判斷的症狀。只要稍微覺得不對勁，首先請與獸醫院聯絡，然後仔細觀察狗狗的行動。相信飼主們能夠慢慢瞭解狗狗的。

第1章 35

吃糞便或食物之外的東西

幼犬和成犬都會出現吃自己糞便或食物之外的東西的舉動。有時亂吃東西會導致中毒，所以必須要小心。

什麼原因？

可能是

●壓力 ●寄生蟲病

●消化系統疾病　等。

此症狀的特徵是？

排便後，有些狗狗會吃下自己的糞便或其他動物的糞便。

吃食物之外的東西是一種特殊嗜好。狗狗可能會吃進石頭、小樹枝、塑膠、玩具、釦子、毛巾等任

及早注意的關鍵

根據狗狗每天的飲食量大致上能夠推估出牠的排泄量。糞便如果沒有鬆散或過硬，排便量或排便次數卻出現了變化，飼主就必須注意。聞聞狗狗的嘴巴確認是否有糞便味是很重要的。

吃下異物的情況多半發生在只有狗狗獨處時。由於不容易被發現，因此當狗狗出現嘔吐或沒有食慾的症狀時，請務必留意。

這種情況必須小心

只要將物品擺在狗狗觸碰不到的地方，就能夠預防狗狗誤食的情況發生。萬一狗狗誤食異物，請記得確認是否還有殘餘物。

若狗狗的肚子裡有蟲，也會像這樣吃糞便或異物，因此請記得定期幫狗狗進行糞便檢查。誤食異物的治療刻不容緩，尤其是室內犬因為多半與人類一同生活，飼主必須確實管理好物品擺放的位置才是。

何東西，同時也可能吃下香菸、打火機、人類的藥物、家中其他藥品等危險物品，因此必須小心。

該如何治療？

有些飼主擔心狗狗吃糞便是因為「食物給的不夠」，但事實上這多半不是原因。

有些幼犬為了吸引飼主注意而故意吃糞便，這種時候，如果飼主對狗狗的責罵不確實或引起騷動，則狗狗就會誤以為成功吸引了飼主注意，反而會不斷吃糞便。

幼犬的這種行為只要等牠們在精神上成熟了，多半就會逐漸消失。

吃異物也是希望獲得飼主注意的行為之一。視情況而定，有時狗狗可能是想要玩具。

狗狗尤其對飼主平常使用的物品，例如香菸或打火機等感興趣。

飼主必須試著給牠們狗狗專用的玩具或橡膠，來轉移狗狗的注意力。

最重要的是要與狗狗的溝通。如此一來，狗狗吃糞便或異物的行為就會停止。

小筆記

別忘了狗狗天生就對掉落的物品感到好奇，喜歡咬在嘴裡玩。

Dr.川口的建議

狗狗可能會透過吃糞便的行為感染到其他狗狗的寄生蟲。誤食異物也可能堵塞腸胃或引發中毒。另外，喜歡咬東西的狗狗也有較高的風險誤食異物。因此飼主必須將尺寸、形狀容易被狗狗吞食的物品收拾好。

醫生的全方位建議

狗狗的樣子很奇怪！這種時候飼主必須帶著狗狗前往醫院，代替不會說話的愛犬向獸醫師說明症狀與情況。只要遵照底下列出的重點說明，接下來的治療也會很順利。

1. 「沒有食慾」、「沒有精神」是許多疾病的起點。從什麼時候開始？是突然發生的嗎？在什麼情況下發生？等等應力求詳細。

2. 「嘔吐」、「腹瀉」時，請盡可能攜帶嘔吐物、排泄物前往醫院。如果知道又拉又吐的次數以及是從何時開始的，也請務必告訴醫生。

3. 「小便的情況不對勁」時，可趁著狗狗小便時用小型容器裝起尿液，將之帶往醫院。也要告訴醫生狗狗的小便是從什麼時候開始出現異常？排尿次數比健康時多或少？

4. 平日在家裡也要注意觀察狗狗的眼睛、耳朵、牙齒，並告訴醫師何時發現有異常的？過去是否曾經接受治療？使用的藥物是什麼？

5. 因為狗毛、皮膚等疾病而前往醫院時，請告訴醫生狗狗洗澡的時間、開始掉毛的時間、過去曾經罹患的皮膚病、會不會因為換季而引發皮膚炎、掉毛等。

6. 記得告訴醫生狗狗是在每年的幾月會進行混合型疫苗、狂犬病疫苗、心絲蟲病防治、除蟲等各種防疫？今年是否已經做過了？

7. 狗狗過去的手術經歷、傷病經驗也要像寫日記一樣一併留下紀錄，萬一遇到臨時狀況便能立刻查閱。

8. 過去狗狗如果曾因藥物、疫苗、食物等過敏或引發休克，也請務必要告訴醫生。

9. 建議簡單向醫生說明愛犬的性格。比方說會害怕飼主之外的人，討厭其他狗或貓、住院會累積壓力等。

10. 狗狗突然感到痛苦或遭遇意外、受傷等緊急情況時，最好事先電話聯絡醫生，到達醫院後也要告知醫護人員是急診。

第2章

不好了！如果出意外的話

實用知識總動員

第2章 1

遭逢交通意外時

導繩與項圈很重要

狗狗遭逢交通意外時，飼主總會異口同聲表示：「沒想到會發生這種事……」這表示飼主們都太大意了。

什麼傷害？

可能有

●骨折　●外傷

●內臟挫傷或破裂　等。

發生此意外的原因是？

多數交通意外都發生在飼主放任狗狗亂跑時，因此帶狗狗散步時一定要繫上導繩。

如果是放養在院子裡的狗狗，必須要避免狗狗跑出門外，並且應該

及早注意的關鍵

飼主原本以為「幸好只有擦傷，而且還能夠走回家」，沒想到狗狗到了晚上卻癱瘓，或是發生狗狗呼吸困難而連忙送醫的情況是時有所見的。

即使狗狗過了一個晚上沒有異常，往後仍要持續觀察2～3天，仔細確認呼吸狀態、行動、能否吃飯等。

另外，狗狗如果在意外中撞到頭部，很可能會發生失智，所以平日就應該注意避免意外的發生。

這種情況必須小心

通常狗狗一旦受傷就會疼痛，所以如果飼主慌張抱起狗狗，就很可能會被咬。

如果有上衣或圍裙，可用來包覆狗狗的嘴巴。

如果手邊沒有這些物品，請牢牢抓住狗狗的脖子抱起牠，如此也可避免被狗狗咬傷。

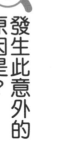

要加上項圈。

狗狗腿部骨折時，牠會拖著腳走路或甚至動彈不得；當脊椎骨折時，狗狗的後腳或腰部會麻痺而無法大小便；內出血嚴重時則會貧血或休克。

有時斷掉的骨頭還會穿出皮膚。關節如果脫臼，狗狗就會拖著腳或抬起腳走路。

車輛的撞擊可能造成狗狗橫膈膜的破裂，使腸子進入胸腔，造成橫膈膜疝氣。

此時狗狗的呼吸會變得痛苦，加上從外觀無法判斷，因此有時意外發生後飼主暫時不會注意到。

該如何治療？

發生交通意外時，比起外觀情況，飼主更須擔心體內看不見的部分是否有受傷。所以即使只有外傷、擦傷，也請務必前往獸醫院接受檢查。

Dr.川口的建議

發生交通事故時應刻不容緩地盡量及早前往醫院接受X光、血液等檢查。另外也有許多狗狗從家中跑出去一陣子後自行回來的案例，飼主不曉得牠們離家的這段期間有過什麼遭遇，因此只要有哪兒不對勁就必須小心。

小筆記 養成散步時隨身帶著手機和零錢的習慣！

第2章 2

從高處跌落

盡快送醫

從高處跌落多半是飼主平常疏忽所引起的意外。如果撞到重要部位恐怕會喪命。

什麼原因？

可能是

- 從高處（獨棟房子2樓、公寓大廈陽台等）跌落的意外。

發生此意外的特徵是？

從高處跌落時，狗狗全身會遭到重創，同時精神上也會受到相當大的衝擊。

飼主必須同時注意有發生跌倒、外傷、骨折、內臟挫傷等的可能

及早注意的關鍵

最重要的是保護狗狗遠離這類意外。如果狗狗待在獨棟房子2樓以上的場所，尤其要注意。

狗狗如果跑到陽台上，縫隙要用網子或木板遮蓋，避免牠們不小心滑倒掉下樓。

另外，飼主應該避免抱著狗狗站在窗戶附近。別讓狗狗待在高處（椅子、餐桌）也是預防的方法之一。

這種情況必須小心

提到從高處跌落，多半會令人想到公寓大廈等場所。然而事實上不只是這樣。飼主抱著狗狗或讓狗狗待在椅子上時，狗狗一個暴動而跌倒摔下也是同樣的危險，像這類情況，在平常生活中也必須注意。遇到狗狗發生跌落意外時，與其進行急救，應該盡快前往醫院。否則即使當場看起來不要緊，事後仍有可能情況突然惡化。

性。

另外在意外發生後，即使狗狗在外觀上看來沒有異常，如果體內有問題，很可能狀況會突然惡化。這就是此種意外的特徵，因此事故發生後必須充分留心狗狗的狀況。

該如何治療？

首先將狗狗移動到安全的場所，移動時盡量不要動到身體。畢竟摔下來倒在馬路邊非常危險，很有可能會被車給撞到。

接著確認狗狗的外觀是否有受傷或出血等情況。

狗狗如果有意識，不要強迫牠走路或移動，直接抱著前往醫院。狗狗若沒有意識或動彈不得、嚴重出血，情況當然刻不容緩，必須火速送醫。

Dr.川口的建議

狗狗有時不會立刻出現疼痛難受的反應，多半會因為處於摔下來的震驚狀態中而極度亢奮，或是很緊張。外表上看來沒有異常，不過幾天之後如果狗狗的情況惡化，那很可能就是意外造成的。總之請記得帶狗狗上醫院就診。

小筆記

這類意外只要在平日生活中多加留意，就能夠避免。

第2章 3

被插座電到

注意呼吸狀況

我們是需要仰賴電力生活的。請重新審視家中，你會發現到處都是電線。這也無怪乎狗狗會感到好奇了。

什麼狀況？

可能有

- 口腔內燒燙傷
- 痙攣時呼吸困難、肺水腫、麻痺等。

發生此意外的原因是？

這是因為狗狗咬壞插頭插在插座上的電線所導致，因此，好玩、喜歡亂咬東西的狗狗多半容易發生事故。

及早注意的關鍵

此意外最需要注意的就是呼吸情形。狗狗的肺部一旦積水，恐怕會有生命危險。即使只是燒燙傷，也要注意狗狗的呼吸是否有改變，一出現變化就必須立刻送醫。

這種情況必須小心

幼犬以為地上的物品全都可以咬，飼主只要拔掉插頭就能夠預防這類意外發生。

但是我們不可能將所有插頭都拔掉，所以飼主最好將電線整理好，盡可能遠離狗狗的視線範圍。

讓狗狗自己看家時也要小心。經常玩繩子的狗狗也會對電線感興趣，因此必須留意。

該如何治療？

一被電到就立刻鬆口的狗狗，嘴裡多半有燒燙傷。

但是如果狗狗不肯鬆口，就會引發痙攣、昏倒，導致肺部受傷、肺中積水、呼吸困難。

狗狗的口腔內有輕微燒燙傷時，可塗抹初搾橄欖油。其他情況則必須前往醫院。

如果狗狗昏厥或痙攣時，必須確認牠是否還有呼吸心跳。

如果呼吸停止時，飼主要握攏狗狗的嘴巴，從鼻子吹氣進去；若心臟停止了，首先要拍打狗狗的胸部，雙手疊合，從肋骨上方規律地按壓狗狗的心臟。

狗狗的呼吸和心跳都停止時，就要每按四次心臟吹一口氣。

小筆記

狗狗咬電線時，第一步必須讓牠冷靜下來，只要沒有不對勁的地方就無須擔心。

Dr.川口的建議

有時原以為狗狗只有燒燙傷，但呼吸卻看來愈來愈困難時就必須小心。意外發生後的2～3天，尤其必須注意狗狗的呼吸狀況。另外，如果狗狗失去意識，也必須帶牠前往醫院。當狗狗的呼吸心跳停止時，請務必對狗狗進行人工呼吸與心外按摩。

第2章 4

誤食毒物！

前往醫院接受治療！

狗狗有時會誤食毒物。這是緊急情況，別繼續留在家裡觀察，盡快前往醫院接受治療吧！

什麼原因？

可能是

- 吃下沾有除草劑的草
- 吃下老鼠藥、除蟲藥或毒餌
- 吃下非食物的物品，如：殺蟲劑、防腐劑、保冷劑、香菸　等。

發生此意外的原因是？

狗狗本來就很容易將沒有奇怪氣味或外觀沒有可疑之處的的物品吃下肚。

及早注意的關鍵

香菸、保冷劑等物品，如果隨手散置在房間裡，室內犬很可能因為好玩而咬進嘴裡。

有不少狗狗喜歡在散步途中吃草，但如果胡亂走進私人土地上吃草，很可能會吃進噴了除草劑的草。

枯草甚多的地方也要注意。當然也絕對要避免狗狗亂吃地上的東西。

這種情況必須小心

即使狗狗只是稍微舔了一口有毒的東西，也很可能會中毒。這種時候，狗狗的外觀上看來正常，但有可能接下來會不舒服，所以請飼主務必留意。

另外，當牠們無聊玩耍或還是幼犬時，對於危險物品的警覺心較差，因此會經常發生這類意外。

我們在日常生活中慣常使用的藥物，對狗狗來說也是很危險的。

該如何治療？

狗狗散步回家後，如果樣子突然不對勁，多半是中毒了。要確知中毒原因相當困難，因此飼主必須注意。

一旦中毒，狗狗多半會出現很嚴重的症狀。不同的中毒原因會造成不同的症狀。

主要的症狀有嘔吐、腹瀉、呼吸困難、流口水、痙攣等，視情況的不同，症狀會突然改變。此時，飼主不要勉強狗狗嘔吐，必須盡快送醫。

Dr.川口的建議

飼主如果知道食物或散置在地上的東西是什麼，也請一併帶到醫院。若能曉得中毒原因，才能夠盡快採取適當治療。另外，如果狗狗有嘔吐或腹瀉症狀，也請將嘔吐物或排泄物帶往醫院。只要裡頭攙雜著吃下的東西，或許就能夠藉此找到治療方法。

小筆記

別忘了我們身邊有許多對於狗狗來說很危險的東西。

第2章
5

被蛇咬 被蜜蜂螫到

狗狗若在散步途中見到蛇或蜜蜂，有時會好奇上前觸碰。如果牠們有毒，狗狗可能會受到意想不到的傷害，必須小心。

什麼狀況？

可能是

● 被蛇咬、被蜜蜂螫到而引發中毒或外傷。

此症狀的特徵是？

蜜蜂的針有毒，被螫到會疼痛腫脹，有些狗狗甚至會出現過敏反應。被蜜蜂螫到時，尤其是若針還留在狗狗身體內，可能傷口處會化膿。

及早注意的關鍵

被蜜蜂螫到或被蛇咬到時，傷口多半會腫脹也會發燒，飼主可觸摸狗狗的身體來確認。

另外也請看看腫脹處是否有被咬的傷口或洞，或是有沒有小針插在上面。

這類意外大多發生在散步時。散步途中狗狗如果突然不太對勁，就需要注意。

這種情況必須小心

狗狗被咬或被螫到時不要驚慌，直接前往醫院。若能及早治療，即使狗狗是被毒蛇咬傷，仍有機會痊癒，並早日恢復。

被無毒的蛇咬到時，必須擔心傷口可能會有細菌感染。若是被毒蛇咬到，蛇毒除了會造成疼痛、腫脹之外，還可能引起發燒、嘔吐、腹瀉、痙攣、傷口潰爛等嚴重症狀，必須即刻進行治療。

該如何治療？

如果找到被蛇咬的傷口，飼主可用毛巾或手帕綁住傷口上方（靠近心臟的位置）。

直接用手觸碰傷口、用嘴吸出毒液等行為，可能導致細菌或蛇毒進入人體，因而非常危險，所以請絕對不要這麼做。

另外，如果看到咬傷、螫傷狗狗的蛇或蜜蜂，請記住特徵，才能夠鎖定毒的種類，讓狗狗盡早接受適當的治療。

小筆記

散步時最好隨身攜帶毛巾或手帕。

Dr.川口的建議

在春夏季的草叢、山中，狗狗經常會發生被蛇咬、蜂螫的意外。帶著狗狗前往這些地方時，請勿讓牠們離開視線範圍。尤其是幼犬不懂蜜蜂和蛇的可怕，容易遭逢這類意外。遇到蛇時，不要驚動牠就不會有危險，飼主請務必避免讓狗狗靠近。

第2章 6

被導繩勒住脖子

有些意外每次只要發生，總會讓人心想：「怎麼會發生這種事？」脖子被勒住大概也是這類意外的其中一種。

什麼症狀？

可能有
- 脊髓損傷引發疼痛
- 麻痺
- 呼吸停止　等。

發生此意外的原因是？

有些狗狗喜歡睡在水泥塊圍牆旁的狗屋屋頂上。因此狗狗從狗屋屋頂跳出圍牆外時，會被自己的導繩給勒住脖子。

及早注意的關鍵

請飼主一再確認綁著狗狗的地方是否安全、有沒有危險。只要外面情況不對勁，就立刻出門確認。有時可請鄰居幫忙通知。

頸椎（脖子的骨頭）受損程度的不同，可能會出現不同的症狀，如：疼痛或麻痺等。有時症狀在意外一發生後就會出現，這樣能夠讓飼主盡早處置，但也有些症狀是事後才慢慢出現，因此飼主必須注意。

這種情況必須小心

飼主或許認為不可能為了避免這種意外而時時刻刻注意狗狗，不過引發這類意外的原因，多半是因為狗屋擺放位置不當所造成。狗屋不可以擺在從室內無法看見的地方，必須擺在從室內看得見的位置，以方便注意狗狗的行動。

另外，把狗狗擺在腳踏車前面的籃子裡時，狗狗很可能因為緊急煞車而摔出去，結果脖子被綁在腳踏車龍頭上的導繩勒住。這些情況也務必留意。

如果發現得早，趕快幫忙解開，即便狗狗看來若無其事，飼主最好仍要觸摸狗狗，檢查牠是否有哪裡疼痛。如果沒有異常就不要緊。

但是脊髓受損程度的不同，造成的障礙也不同。包括疼痛、前後腳麻痺，最後甚至會無法站立。損傷嚴重時甚至會造成呼吸停止。

該如何治療？

首先是盡快解開狗狗的導繩，讓牠躺在平地上，接著輕輕抱著牠就醫接受檢查。

損害輕微、前後腳沒有出現麻痺症狀，或是麻痺症狀輕微，狗狗還可以走路時，可透過藥物來改善。

但是解開狗狗的導繩後，牠彷彿若無其事時，飼主最好還是要檢查一下。

雖然有時或許不要緊，但如果一觸摸到狗狗牠就生氣或哀嚎時，就必須前往醫院。

有些情況甚至必須前往更專業的大學附設醫院進行治療。

小筆記

部分公司有專門承辦接送狗狗的業務，緊急時可請獸醫院協助介紹這類公司。

Dr.川口的建議

病情嚴重時，建議前往大學附設醫院接受專科醫師診療。可請獸醫院幫忙寫介紹信，然後盡快到大學附設醫院預約。另外，搬運傷犬時要避免移動到狗狗的頭部。

第2章 7

割傷

注意自己正在使用刀具

狗狗的毛長得很快，因此飼主自行剪毛的情況屢見不鮮。有時狗狗一個暴動或者毛根亂七八糟時，飼主很可能一不小心就會割傷狗狗，所以在替狗狗剪毛時必須小心。

什麼狀況？

可能是

● 剪毛時誤傷狗狗。

發生此意外的原因是？

幫狗狗剪毛時，剪刀不小心剪到狗狗，就是這類意外的起因。

狗狗暴動也很危險，因此剪腳底、肚子、腿根、臉部等困難部位的狗毛時，尤其要小心。

另外，剪毛前先刷毛會更容易修

及早注意的關鍵

狗毛上如果有糾結的毛球，必須事先用刷子刷開後再修剪。無法完全刷開時，可將毛球拉高剪掉，小心下刀，避免剪到狗狗。

隨便亂剪毛球很可能誤剪到皮膚，很危險。皮膚與狗毛連接處不易分辨時，最好隔著梳子修剪，才不會剪到皮膚。請飼主務必試試。

這種情況必須小心

剪毛前，必須先刷開狗狗全身的毛。若狗狗的毛順，修剪起來也能快速精確。另外，剪毛時必須要在狗狗冷靜時進行。

剪。如果不小心剪到狗狗，請趕快進行緊急處置後送醫。

該如何治療？

首先用雙氧水消毒傷口或割傷處，以避免細菌侵入。

如果家裡沒有消毒藥水，可用乾淨的清水清洗患部，避免剪下的細毛進入傷口。

如果有出血，可用毛巾等壓住傷口，以幫助止血。

傷口太大或血流不止時，請前往醫院就診。

盡早接受治療，有助於盡快復原。

小筆記

找出能夠讓你家狗狗不害怕剪毛的方法。

Dr.川口的建議

由於剪刀很尖銳，所以造成的創傷往往比想像中更深、更大，而且容易造成皮膚出血，所以必須小心。另外，皮膚是直接與外界環境接觸的，因此像是髒污、細菌等很容易附著其上。無論如何，只要在使用刀具幫狗狗理毛時只要多加小心，就能夠預防意外的發生，因此在平日就應該注意。

第2章
8

被誤踩、誤踢

飼主在廚房做菜時，常會沒注意到幼犬跟在身後，而一不小心踩到……這種意外似乎偶而會發生。

什麼狀況？

可能有

● 誤踩、誤踢到狗狗，導致骨折、碰撞、內出血、扭傷挫傷　等。

此傷害的特徵是？

如果狗狗出現了劇痛的症狀，很可能是骨折了。

幼犬的骨質還很柔軟，因此骨折不會啪地裂成兩半，多半會彎曲變形。

及早注意的關鍵

除了骨折之外，還需注意狗狗疼痛的程度與走路方式。當狗狗疼痛不斷持續、痛處腫脹或走路方式不對勁時，就必須盡早前往就醫。即使不是太痛，也要讓狗狗靜養數天。

這種情況必須小心

幼犬愛玩，對所有會動的物體都感到好奇，牠們容易厭倦自己的玩具，而人類的手腳對於幼犬來說就像是會動的玩具，牠們對人走路時的雙腳尤其感興趣，因此會靠近磨蹭。

飼主之中有些人也會因為不小心踩到狗狗而跌倒，導致手腳、肋骨骨折、腳踝扭傷等，因此必須小心。

另外，碰撞和扭挫傷、內出血等多半發生在飼主不小心踢到狗狗時。有時甚至會造成骨折，必須小心。

此外，狗狗的精神可能會愈來愈差，因此最少必須觀察2～3天。

該如何治療？

若飼主的體重整個都踏在幼犬腳上，很可能會造成幼犬的腳骨折。

同樣，當用力踢到狗狗時也可能會發生這樣的情況，因此建議最好上醫院檢查。

如果飼主沒有用力踩到狗狗，則可先讓狗狗安靜下來，觀察疼痛是否持續。

如果狗狗自己主動騷動起來，雖然姑且可以安心，但也有可能只是暫時的興奮。

幾天後如果狗狗變得無精打采或拖著腳走路時，很可能就是誤踩踏到狗狗所造成的。

小筆記 狗狗被踩到時會大叫，如果叫聲停止後狗狗仍在發抖，就必須前往醫院。

Dr.川口的建議

狗狗尤其喜歡和人類一起玩耍。因此飼主務必記得注意腳下。如果放著狗狗的骨折不管，將會造成狗狗的腿部變形。考慮到今後的情況，請務必徹底治好狗狗。幼犬特別喜歡靠近人類的腳，因此必須好好管教。

第2章 9

被高爾夫球桿打到時

人類在揮舞高爾夫球桿、棒球棒、球拍時，若打到狗狗，將會對牠造成重傷害。這種意外多半來自於在日常生活中的疏忽，因此必須留意。

什麼原因？

可能是

● 高爾夫球桿、棒球棒、球拍等人類使用的大型、堅硬器材打到狗狗等。

此傷害的特徵是？

高爾夫球桿、棒球棒、球拍打到狗狗時，狗狗身體承受的衝擊會很大。如果擊中的是狗狗的頭部或臉部，狗狗很可能會因此衝擊而昏

及早注意的關鍵

狗狗誤以為飼主揮舞高爾夫球桿是在與自己玩耍，無法察覺危險，因而會主動靠近。最好的做法就是別在有狗狗的地方做出這類舉動。

如果打到是狗狗的腳，多半會造成骨折或骨頭裂開，而且往往會伴隨著劇烈的疼痛，所以必須盡快前往醫院。

這種情況必須小心

即使只以高爾夫球桿或棒球棒打到狗狗一次，也可能發生無法挽回的憾事，最好的方式就是預防這種意外發生。尤其是家有幼犬或喜歡與人玩耍的狗狗時，必須小心別挑起牠們的好奇心。

厥。如果擊中了狗狗的骨頭部分，則可能會造成骨頭裂開或骨折。

另外，如果打中狗狗身體柔軟的部位，即使眼睛看不見，也可能事後才會出現碰撞、內出血等內部組織（內臟或肌肉）損傷，因此無論如何都必須小心。

該如何治療？

首先檢查狗狗被打中的部位有沒有外傷、出血。狗狗如果太興奮而不讓飼主觸摸身體時，請不要勉強，等牠冷靜下來再行檢查。

即使外觀上看來沒有大礙，但是遭遇如此嚴重的碰撞，多半會發生內出血或造成肌肉受傷，請務必前往醫院。

狗狗失去意識或動彈不得時屬於緊急情況，必須盡快送醫，但要盡量避免移動狗狗，搬運時的交通工具要盡可能選擇汽車並注意要輕輕搬運。

小筆記 進行高爾夫球揮桿練習時，必須小心誤傷狗狗，也要小心誤傷人。

Dr.川口的建議

送狗狗就醫時，如果牠太興奮，建議用毛巾包住抱著前往。這時要小心被狗狗咬。如果狗狗失去意識，可將牠放在木板或紙箱等堅固物體上靜靜搬運。

第2章 10

被魚鉤刺到

小心取出，避免受傷

若狗狗對魚鉤、縫衣針等感興趣，會咬進嘴裡或腳踩到而刺傷。尤其是魚鉤呈鉤狀，更是要小心。

發生原因？

可能是
- 魚鉤、縫衣針、圖釘、釘子、尖刺刺到嘴巴或腳　等。

此傷害的特徵是？

幼犬對於人類擁有的物品尤其感興趣，而且常會放進嘴裡。

或是當狗狗在地上打滾玩耍時，像是針等尖銳的物品很可能就會刺傷狗狗。

及早注意的關鍵

當狗狗口中流血或流口水時，請打開牠的嘴巴檢查口腔，或許牠是被什麼東西給刺到了。

另外當狗狗舔著嘴巴或腳時也要注意。腳被刺傷的狗狗多半會把腳舉起。

如果是魚鉤刺穿了狗狗，就必須採行緊急處理。

狗狗被魚鉤刺穿時需要急救，請將鉤子部分切斷後再反向拔出。

這種情況必須小心

被針刺到嘴巴或腳時可從外觀確認。

但如果是誤吞，則無法從外觀上看出。

因此如果吞下帶有線的針，線多半會留在嘴巴外。

這種時候絕對不可以拉扯線，因為吞下的針可能會刺穿胃和腸子，所以必須留意。

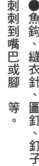

另外，如果飼主忘了收魚鉤、縫衣針而掉在地上也很危險，因此平日就必須留意這些東西。

如果覺得狗狗的樣子不太對勁，為了謹慎起見最好檢查一下。

該如何治療

刺在狗狗身上的針如果是筆直沒有帶鉤，則可用鑷子慢慢拔出來。

但是如果是有帶鉤的魚鉤，則很難拔出，而且一動就會痛。

這種時候不要隨便觸碰傷口，首先必須前往醫院請獸醫師處理。

另外如果是誤吞，也屬於緊急情況，必須盡快就醫。

小筆記

取出針時會需要狗狗的幫忙。如果狗狗亂動，飼主最好停手，以免發生危險。

Dr.川口的建議

有線的針尤其必須留意。狗狗玩線的結果最後多半會連同針一起咬進嘴裡吞下，而造成意外。如果狗狗吞下線，且在狗狗的嘴巴外可看到線時，飼主就必須打開狗狗的嘴巴，確認是否有針。

醫生的全方位建議

為了避免狗狗發生意外，飼主必須注意以下重點。畢竟狗狗是你重要的夥伴。

1. 散步時務必幫牠戴上項圈或綁上導繩，避免狗狗離開身邊。
2. 人類的疏忽很可能會招致意外，必須十分小心。
3. 發生交通意外後，必須留意狗狗的情況，觀察牠是否有突然惡化的情形。
4. 散步時，狗狗如果被東西刺到或咬到，必須直接前往醫院。
5. 當狗狗吃下毒物、異物時，如果還有未吃完的東西或嘔吐物，也要一併帶往醫院。
6. 幼犬喜歡跟著人類，想要跟人類玩耍，因此須特別留心。
7. 留下狗狗獨自看家時必須小心。
8. 狗狗待在2樓以上的高層建築物時，必須做好預防跌落的準備。
9. 使用球拍或球棒時，必須注意狗狗是否在附近。
10. 意外發生過了幾天，狗狗如果突然變得不舒服，可能是之前發生的意外或傷害所導致。

第3章

當狗狗受傷或發生意外時

輪到你上場，快速因應！

第3章 1

被其他狗狗咬傷時

請不要驚慌

狗狗的皮膚完全由狗毛所覆蓋，因此有時被咬的傷口會比外表看來更深更大。再加上細菌會由傷口侵入，因此必須注意。

什麼原因？

可能是

- 散步時與其他的狗狗打架
- 發情而引起的打架
- 其他狗狗闖進自家院子打架造成的意外　等。

此傷害的特徵是？

狗狗如果被咬，有些人會連忙想分開打架的狗狗們。

但是最好不要強行拉開咬住人

及早注意的關鍵

有時傷口癒合了，狗狗卻變得沒食慾，或者傷口周邊腫了起來，而且還會討厭飼主觸摸。

這種時候多半是因為外表皮膚雖然癒合了，但內部卻化膿，膿水累積在裡頭的關係。有時狗狗甚至會發燒，所以飼主必須用心處理。

這種情況必須小心

如果傷口範圍太大、出血嚴重且止不住、狗狗很亢奮、抗拒飼主觸摸，而無法進行緊急處置時，最好立刻與醫院聯絡。

的狗，以免使傷口加深或擴大。狗狗處於混亂狀態時也很可能會咬主人。因此首先必須讓狗狗冷靜下來，等到狗狗們冷靜了，再將牠們分開。

另外，因為細菌可能由狗狗的口腔或牙齒入侵傷口，即使受傷不嚴重，也別放著不處理。

緊急處理要這樣做

被咬的傷口流血時，可拿乾淨的毛巾按住傷處。

如果可以，就將毛巾綁在傷口上方，並且看看出血是否止住了。

如果一直綁著會影響血液循環，反而不好，因此如果可以，最好用流動的清水清洗傷口。

無論如何，若傷口較深，之後就可能會化膿、腫起來，因此必須小心。

小筆記

避免讓愛犬接觸其他狗狗或動物，也是一種方法。

Dr.川口的建議

追著發情（月經）期母狗的公狗有時會互相打架而被咬，有時則會被母狗咬傷。如果自家養的是母狗，發情時請盡量避免前往公園等眾多狗狗聚集的場所。另外，即使兩隻狗狗彼此認識，發情時仍要避免近距離接觸。

第3章
2

指甲被硬拔下時

練習剪指甲

經常外出散步的狗狗，指甲會保持在恰當的長度。但是室內犬與鮮少外出散步的狗狗就必須注意。

什麼原因？

可能是
- 沒有剪指甲
- 忘了大拇指也有指甲
- 指甲卡到毛巾或溝槽　等。

此傷害的特徵是？

狗狗的指甲若被硬生生拔起會很痛，而且還會流血，因此如果在散步途中指甲被拔掉，建議直接盡快回家。

及早注意的關鍵

散步前請先確認狗狗的指甲是否過長。

而且平常，飼主就應該練習幫狗狗剪指甲。

狗狗的指甲一旦變長，當腳陷入路上的小凹洞或轉角處時，將容易使得指甲卡住或折斷。

若指甲太長，狗狗會覺得走路不便，而且還可能引發意想不到的意外。

這種情況必須小心

狗狗的指甲太長時，腳底的肉墊會無法碰到地面上，因此無法以一般的方式行走。

不只在散步時，只要稍微一點小事都可能使狗狗的指甲受到傷害或造成腿部挫傷。

室內犬也會發生危險，例如：在木質地板上滑倒，或是指甲鉤到地毯、毛巾等。

飼主最好經常確認狗狗的指甲，檢查長度是否適當。

如果放著不處理，繼續散步，傷口可能會因細菌感染而化膿。

另外，如果飼主突然想要觸摸狗狗的指甲，狗狗可能會因為疼痛而抗拒，最好等牠們冷靜下來再處理。

緊急處理要這樣做

首先用流動的清水清洗傷口。流血時可用紗布等加壓止血。

如果狗狗的指甲沒有完全折斷，還有一部分掛在上面，千萬不要強行拔除，最好前往醫院處理。

如果指甲硬生生整個被拔掉，細菌會侵入傷口引起發炎或化膿，帶來劇痛，使得狗狗不願意讓飼主觸碰傷口。這樣的傷害在治療上必須花一點時間，因此請務必留意。

Dr.川口的建議

市面上有販售指甲剪太深而流血時可使用的止血粉。各位如果能買到，就可當作家庭常備藥而相當方便。使用方式是用掏耳棒撈出一匙止血粉，輕輕倒在流血的指甲傷口上即可。拿人用的指甲刀剪狗指甲不好剪，請務必使用市售的狗狗專用指甲刀。

小筆記

狗狗的指甲雖然沒有完全斷裂，但如果捲上了透氣膠帶，將很可能會造成傷口潰爛。

第3章
3

腳被玻璃割傷時

留心玻璃碎片

狗狗沒有穿鞋子，而且肉墊只以狗毛覆蓋，無法抵抗來自玻璃碎片、釘子等物品的傷害。散步途中必須注意是否有會傷害到狗狗腳掌的東西。

什麼原因？

可能是

- 玻璃碎片刺傷腳底
- 被掉落地面的尖銳樹枝、釘子等刺傷 等。

此傷害的特徵是？

狗狗若遭到玻璃等尖銳物品刺傷就會疼痛流血。因此，狗狗會拖著或抬起腳走路，有些狗狗甚至會無法走動。當狗狗的腳出現異常警訊

及早注意的關鍵

即使是平常固定的散步路線，飼主也要注意地面是否有玻璃散落。通常說來，應該遠遠就能看見細小玻璃的反光。

這種情況必須小心

傷口上的玻璃雖然清理掉了，傷口卻遲遲沒有癒合，這種時候可能表示還有肉眼看不見的碎片留在裡頭。

無法將玻璃清乾淨時，請不要強行清理。

受傷好一陣子後，原本快要痊癒的傷口有可能突然惡化，因此必須盡量減少外出散步的次數。

時，不要勉強牠行動，請仔細檢查看看狗狗的腳底。

有時讓狗狗在跑步或在昏暗的地方散步時，可能會造成腳部受傷。夜晚散步時，最好還是選擇熟悉的路線比較妥當。

緊急處理要這樣做

如果玻璃碎片刺到腳上，必須徹底清除乾淨才行。請盡量將大片玻璃清除。

但是狗狗如果在現場會坐立不安，這會導致飼主無法將玻璃清除乾淨，此時，若是能夠帶狗狗回家，可以回家再處理。

細小玻璃可用鑷子取出。拔出玻璃時會流血，建議以流動的清水來清洗傷口，順便連肉眼看不見的玻璃碎片也一起沖走。

清洗時如果停止流血了，最好蓋上紗布以避免傷口細菌感染。

Dr.川口的建議

狗狗的肉墊與地面直接接觸，因此飼主除了要注意散步路線的地面安全之外，也要挑選適合的散步時間。夏天在豔陽下散步，會消耗狗狗的體力。人類穿著鞋子所以沒感覺不知情，但大熱天下的柏油路可是相當滾燙的，甚至還可能會燙傷狗狗的肉墊。

小筆記

帶狗狗散步時最好挑選清晨或傍晚等地面較涼的時間。

第3章 4

散步時不肯走

有諸多可能性

最愛散步的狗狗散步到一半卻不肯走，一定有什麼原因。有時是玩耍或奔跑時沒發現，事後牠才覺得疼痛。

什麼原因？

可能是

●腳扭挫傷 ●碰撞

●外傷 ●關節或內臟疾病

●精神方面的壓力　等。

此症狀的特徵是？

狗狗原本精神奕奕地散步，卻突然不願意繼續走，這是身體出狀況的警訊。

第一步要先讓狗狗穩定下來，確

及早注意的關鍵

最重要的是，平常就要觀察狗狗的樣子。比方說，是否有好好吃飯？腹部情況如何？是否有精神？有沒有氣喘吁吁等。狗狗身體不舒服時，最好避免帶牠外出散步。

這種情況必須小心

首先想想散步的時間、距離是否恰當。有沒有在盛夏最熱的時間散步？還是在冬季最冷的時間散步？散步的距離是否適合狗狗的品種、年齡？狗狗是否討厭散步路線？譬如說散步路線上曾經有不好的遭遇或兇惡的狗等。

另外，狗狗是否生病了？如果是生病了，那這情況或許就與生病有關。

認外觀上是否有抬著腳或拖著腳等異常的動作出現。

接著確認狗狗的呼吸方式、舉動是否與平常不同。

緊急處理要這樣做

先讓狗狗安靜下來，並且馬上帶牠回家。

然後暫時讓狗狗冷靜一下。如果牠和平常一樣正常吃飯、有精神，可以稍微觀察一陣子。

很可能狗狗當天雖表現出不要緊的樣子，但隔天卻突然出現異常。這種情況可能是緊急處置太慢，導致後來惡化成為疾病或傷害。

如果狗狗待在家裡也心神不寧，而且找不出原因，這就必須留意。

Dr.川口的建議

即使狗狗的腳沒有大礙，也必須考慮到有可能是身體其他部分出了問題，如：關節或肌肉突然出狀況，或肚子突然痛起來等。不管是哪種狀況，都必須立刻停止散步，回家休息靜養，觀察狗狗的情況。另外，飯後絕對定禁止散步。即使狗狗很有精神，也可能會發生腸胃的問題而造成腹痛、嘔吐、腹瀉。

小筆記

狗狗的外表看來沒有異常時，可能是體內出問題或是有精神方面的壓力。

第3章
5

跌落排水溝、水溝

事後才開始疼痛

狗狗散步時若專注於玩耍或奔跑，很可能會誤踩小水溝或凹洞。有時狗狗會因為太興奮而沒注意到自己受傷。

什麼原因？

可能是

- 散步玩耍時，腳被路邊的水溝或凹洞絆住
- 誤踩了有高低差的地方　等。

此傷害的特徵是？

狗狗可能會有扭到腳或碰撞到物品的危險，也可能因為割傷而流血。當狗狗發出哀嚎鳴聲或拖著腳動彈不得時，必須盡快抱著狗狗回

及早注意的關鍵

重點是注意散步路線，觀察狗狗的樣子。

不要讓狗狗走在路邊水溝蓋上。另外，走在陌生路線時，必須避免讓狗狗走在前頭。

狗狗在玩球時常會興奮到忘了確認四周，因此飼主一定要挑選安全的場所給狗狗玩耍。如此一來就能夠避免發生意外。

這種情況必須小心

即使眼睛看不見，狗狗的肌肉、肌腱等受傷時也和人類一樣，是過了一段時間才會出現疼痛感。飼主最好觀察狗狗的情況，如果疼痛加劇就必須注意。

另外還必須停止散步幾天，以減輕狗狗腳部的負擔。

狗狗有時會因為興奮而忽略這類傷害，對此。飼主必須協助留意。

家，不要勉強牠自己行走。沒辦法抱起狗狗時也不要焦急催促，可以讓狗狗慢慢走。

　這類意外是因為狗狗跑在下水道的水溝蓋上，誤踩水溝蓋孔或凹洞導致。意外發生後需盡量避免讓狗狗步行。

緊急處理要這樣做

　狗狗的腳不願接觸地面時，可能是關節或韌帶有問題。不要勉強觸摸牠的腳，應該盡快送醫檢查。如果有割傷，可用流動的清水徹底洗乾淨。

　另外，狗狗如果扭傷腳時，就必須靜養。起初外表上無法看出來的傷勢，如果沒有靜養而繼續跑動，那將會引發疼痛。

　疼痛嚴重時，不要勉強狗狗行動，可請家人幫忙送醫或聯絡經常前往的醫院。

小筆記

劇烈運動或是散步的時間過長，也可能會造成狗狗的關節或肌肉疼痛。

Dr.川口的建議

狗狗如果體重過重，腳部平時的負擔會很大。因此平日就應該注意維持狗狗的最佳體重。另外，上了年紀的狗狗一旦受傷也不容易痊癒，請務必小心。即使沒有受傷，腳部仍要負擔體重，因此平日就要注意避免狗狗肥胖。

第3章
6

被球打到眼睛

小心會腫起來

狗狗的眼睛和嘴巴位置很接近，因此在要用嘴巴咬住球時，球可能會彈跳、滾動到意想不到的地方去，導致狗狗因無法掌握遠近感而被打到眼睛。

什麼原因？

可能是

- ●與飼主玩球時打到眼睛
- ●撞到不知名的物體　等。

此傷害的特徵是？

狗狗在玩耍時，如果眼睛被東西打到，就會發紅流淚，而且無法完全睜開。

另外，如果球等物品很髒時，髒東西可能會因此跟著進入眼睛。

及早注意的關鍵

小型犬多半眼睛大而且有些突出，因而。物品容易打到或進入這類狗狗的眼睛，尤其必須小心。

另外，幼犬與高齡犬有時眼睛會看不清楚。

玩球時，最好慢慢滾動球。若猛力丟擲，不只有可能打到眼睛，也有可能引起意想不到的意外。

這種情況必須小心

剛開始即使眼睛沒有傷口，或傷口小到看不見，狗狗也會在意眼睛的疼痛。

於是牠們會開始搓揉、搔抓，以致往往造成傷口愈來愈嚴重，因此務必留意。

當狗狗的眼睛腫得厲害而睜不開，或是有眼屎、淚流不停等情況時就必須充分注意。

眼睛四周是很容易腫起的部分。可能當天沒有明顯變化，直到過了一陣子之後才腫起來，導致眼睛睜不開。

眼睛是相當重要的器官，眼睛四周若受傷將會很痛。

緊急處理要這樣做

馬上用清水沖乾淨，接著以毛巾等冷敷。有異物跑進眼睛時，必須以流動的清水沖洗。

如果勉強用手指將異物取出可能會傷害眼球，因此不建議這麼做。

髒東西一進入眼睛，狗狗會遲遲無法睜開眼。飼主若想要幫忙撐開狗狗的眼睛，將很可能會造成狗狗的躁動。這種時候可使用滴管等試著在眼睛四周輕輕滴水。

小筆記

眼藥直接觸碰到狗狗的身體或眼睛時，會使眼藥受到汙染。

Dr.川口的建議

人類的眼藥不適合狗狗使用，用了之後甚至可能會導致情況惡化。眼睛是相當精細的器官，各位應該要重視眼睛的問題。使用醫院開立的眼藥時也要小心，避免眼藥包裝尖端觸碰到眼睛。

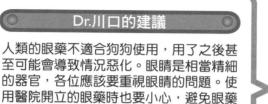

第3章
7

突然倒下

事先學會緊急應變措施

狗狗突然倒下時，無論原因為何都是相當嚴重的情況。有時甚至心臟、呼吸都會停止。如果事先瞭解如何做緊急處置，發生意外時就能夠派上用場。

什麼原因？

可能是

●心臟病發作（心絲蟲病、心臟疾病等）

●癲癇發作

●中暑、熱衰竭　●休克　等。

此狀況的特徵是？

狗狗突然倒下時，有些情況，譬如是熱衰竭或有心臟病等，這些都能夠找出原因，但有更多的情況則

及早注意的關鍵

平日的健康管理就是最有效的預防方法。平常要去感覺愛犬的呼吸、聽聽胸音等，在這種時候都能夠派上用場。

總之只要無法確認呼吸或胸音任何一方時，就必須盡快進行急救。（若是狗狗發生痙攣，則可參考136頁的做法）

愈是快速又確實的急救措施愈有可能救回狗狗。但最重要的還是盡快前往醫院。

這種情況必須小心

狗狗如果倒下，急救前有幾件事情必須確認。

首先讓狗狗躺下，接著飼主伸手靠近狗狗的鼻子，確認牠是否有呼吸。

然後觀察狗狗的胸口或腹部是否因為呼吸而起伏。

接下來將手放在狗狗的胸口上，或是側耳傾聽狗狗的心臟是否有心跳聲。如果心臟和呼吸均穩定，可直接靜靜送往醫院。

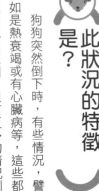

是完全不曉得為什麼。

此時飼主首先必須冷靜下來，若去搖晃或拍打狗狗反而危險。冷靜執行正確的救命方法才是最重要的。

緊急處理要這樣做

●沒有呼吸時

狗狗倒下時，請伸手到狗狗的口鼻上確認牠是否還有呼吸。

另外也要觀察狗狗的胸口與腹部是否有起伏。如果呼吸停止了，就必須立刻進行人工呼吸。

★人工呼吸的步驟

①讓狗狗躺下。
②讓狗狗的脖子和身體伸直。若脖子彎曲的話，則空氣會無法進入。
③用手輕輕遮住狗狗的嘴巴避免打開。以自己的嘴巴就狗狗的鼻子，用力吹氣。
④需吹到狗狗的胸口因為吹入的空氣而鼓起為止。狗狗的胸口如果沒有鼓起，表示空氣沒有進入肺部，人工呼吸沒有作用。
⑤吹送空氣時，如果感覺到狗狗在抵抗，嘴巴就離開。
⑥以每次3～5秒的速度反覆進行。
⑦一邊進行人工呼吸，一邊盡快送醫。

●心臟沒有跳動時

請將自己的手或耳朵貼在狗狗的胸部上。如果聽不見心跳聲，表示情況刻不容緩，必須立刻進行心臟按摩。

★心臟按摩的步驟

①將狗狗的左側朝上躺下。
②以非慣用手的手掌心滑入地板與右胸之間，以手心牢牢固定狗狗的胸部。
③慣用手擺在狗狗的左胸上面，大約是狗狗前腳根部附近。
④手心用力往正下方按壓。雙手緊抱狗狗的胸腔按牢，避免手的力量分散。
⑤以每次1秒的速度進行。
⑥每做5次心臟按摩就吹氣1次。
⑦然後直接盡快送往醫院。

小筆記 活力充沛的狗狗一旦遭遇意外，就需要急救處理。

Dr.川口的建議

狗狗突然倒下必須急救時，飼主也會受到影響，因此在急救時會顯得有些困難。但是為了以防萬一，事先就要學會心肺復甦術。只要平常學會步驟、方法，或許你也能夠救活你的狗狗一命。

第3章 8

如果發生痙攣

別慌亂觸摸狗狗

有精神的狗狗可能突然發生痙攣，有時曉得原因，有時則否。飼主必須確實確認痙攣的情況。

什麼原因？

可能是

- 癲癇發作
- 心臟病發作
- 血糖過低
- 精神方面的壓力
- 腦部疾病（腦瘤、腦炎等）
- 內臟疾病　等。

此狀況的特徵是？

發生痙攣時，狗狗會處於意識不清的狀態。

及早注意的關鍵

狗狗癲癇即將發作之前，飼主可從狗狗興奮或是發抖的症狀，約略猜得出來。

但是如果是腦部方面的疾病或心臟病發作，就相當不易預測。因此，與其預防上述兩種情況發生，倒不如找出原因、確認能否治療。

如果是血糖過低或內臟疾病所引起，可透過平日的健康管理來預防發病。

這種情況必須小心

若狗狗經常發生痙攣，可能是罹患了癲癇的疾病，建議上醫院詢問醫師看看。

癲癇發生的原因雖然不明，不過多半能夠藉由藥物預防。

另外，除了癲癇之外，事實上也可能是腦部的病變障礙、心臟、肝臟、腎臟疾病，甚至精神壓力等，有眾多可能性。

只要發生過一次痙攣，就最好帶著狗狗前往醫院接受診斷。

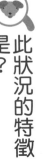

另外，有時狗狗在發生痙攣之前，會坐立不安地嗚叫、流口水或發抖，處於亢奮狀態。這是因為身體不聽使喚所造成的。

因此，飼主如果慌忙觸摸狗狗，很可能會被咬，甚至導致狗狗更加驚慌，造成意想不到的傷害。

緊急處理要這樣做

千萬別突然觸摸狗狗。首先要冷靜地等牠的痙攣穩定下來。

情況穩定後，狗狗如果和平常沒兩樣，就讓牠靜養並觀察狀況。

狗狗如果昏迷，則必須立刻確認牠是否仍有呼吸心跳。如果沒有，必須盡快急救。

痙攣如果不停止則必須送醫。記得用毛巾將狗狗牢牢包住，避免人狗受傷。

小筆記

送醫時要小心避免被狗狗咬傷。

Dr.川口的建議

痙攣總是突然發生，因此有時很難預防。最重要的是找出痙攣的原因並瞭解是否能夠透過藥物等方式來治療。另外，罹患癲癇的狗狗每到換季、天候急劇變化、有精神壓力等時候，就很容易會發病。

第3章 9

因為酷熱而倒下時

先降溫再送醫

狗狗的身體無法流汗降低體溫，有時還會被導繩綁住，只能夠待在屋內，無法自由前往涼爽的地方。

什麼原因？

可能是

● 中暑
● 熱衰竭　等。

此狀況的特徵是？

狗狗原本就較耐寒冷，不耐酷熱。

因此平日最重要的就是如何幫助狗狗避暑。如果夏天把狗狗關在向陽、不通風的室內，或是在日正

及早注意的關鍵

這類疾病的惡化相當危險且迅速。平日請務必最好抗暑準備。

如果狗狗是飼養在室外的，建議將狗屋移動到通風良好的陰涼處。狗狗的身體如果不舒服，最好讓狗狗進入室內涼爽的地方。

如果狗狗飼養在室內，而家裡沒人在的時候，就要讓狗狗待在通風良好的房間，或是打開冷氣。另外還要給予牠充足且新鮮的飲用水，並避免在天氣最熱的時間中帶狗狗外出散步。

這種情況必須小心

狗狗與人類的不同在於皮膚表面不會出汗。人體感覺熱的時候可以藉由流汗、汗水蒸發降低體溫，避免過熱，而狗狗則是張開嘴巴、伸出舌頭哈哈呼氣。這種方式對於幫助身體降溫的成效很有限。

另外，人類可以開冷氣或多喝水，但是狗狗在這方面則只能仰賴人類。

當中的時間散步，或是身體長期不適，都有可能一下子讓狗狗中暑或罹患熱衰竭。

長毛種、短毛但毛密品種的狗狗尤其無法忍受夏天。因為牠們原本就是屬於北方地區或涼爽區域的品種。日本夏季炎熱尤其必須特別注意。

緊急處理要這樣做

很多時候，飼主發現狗狗有異狀時，狗狗的體溫已經急速上升、意識不清、生命垂危了。

這種時候必須立刻把狗狗搬到通風涼爽的場所或者浴室，然後用濕毛巾擦拭狗狗全身，替牠降溫。

除此之外，也可試著在狗狗身上擺放裝了冰塊的袋子或保冷劑。

若狗狗的呼吸或心跳停止了，請同時開始進行急救措施。（可參考135頁）

接著就是一刻也不能耽擱，盡快送醫。

Dr.川口的建議

第一次過夏天的幼犬或高齡犬尤其不耐酷熱，請務必注意。長毛種或毛較密的犬種特別要小心，很可能一下子就會中暑或熱衰竭。另外，在夏天時，狗狗一旦身體不適就容易大量消耗體力，因此必須盡早接受治療。

小筆記 用汽車載著狗狗時也要留意，沒開冷氣的汽車很危險。

第3章
10
跌入浴缸被燙傷

燒燙傷多半是因人類的粗心大意而引發的意外。狗狗在浴室或廚房時，請務必小心。確認一下你家狗狗在哪裡。

什麼情況？

可能是
- ●跌進裝有熱水的浴缸裡全身燙傷
- ●被燒洗澡水的火局部灼傷　等。

此意外的特徵是？

多半起因於日常生活中的粗心大意，造成狗狗跌入浴缸或碰到熱鍋。

首先，如果狗狗跌入裝有熱水的浴缸，必須盡快抱起狗狗，直接沖

及早注意的關鍵

預防勝於一切。將浴缸裡的洗澡水加溫*時，請務必蓋上蓋子，避免狗狗進入浴缸。

有時，冬天熱水的溫度會很高，尤其應該注意，狗狗可能會跟著喜歡泡澡的飼主一起泡澡而燙傷。

另外，在廚房用火時，可能遇到狗狗突然飛撲而引發意外，飼主也必須小心。

*日本人有泡澡的習慣，浴室裡的浴缸常附有加熱水溫的功能。

這種情況必須小心

燒燙傷最危險的是之後的情況。

因為很可能一開始沒什麼，過了幾天後，水泡卻變得嚴重，或是皮膚會剝落、發燒。也就是說多半會因為疏忽、不予理會而導致情況惡化，非常危險。

緊急處理之後不能輕忽，尤其是跌入浴缸等大範圍燒燙傷的情況，必須盡快送醫。

冷水。狗狗如果亂動，可用毛巾包裹，讓牠安靜下來，再由毛巾外側沖冷水。

浴缸之外的燒燙傷情況，也同樣要用冷水沖至降溫為止。

緊急處理要這樣做

狗狗若跌入熱水，會因為滾燙與疼痛而陷入休克。因此可能咬人或出現嚴重的躁動，飼主要小心。

遇上燒燙傷的情況時，第一步就是要先以流動的清水降溫。

嚴重時，可將冰塊或保冷劑裝在塑膠袋裡放在傷口上。

不要自行在家中塗藥或用紗布、繃帶包裹傷口，只要降溫即可。因為燒燙傷的皮膚會剝落，這樣子反而會造成阻礙。

Dr.川口的建議

攪拌浴缸的熱水時，狗狗經常會興奮飛撲過來，必須十分小心。即使燒燙傷的部位只有身體的一部分，仍有可能在幾天之後惡化，以致讓狗狗遭受到相當大的傷害。如果是全身燒燙傷的情況，不用說，這甚至會危害到狗狗的性命。

小筆記

全身的燒燙傷攸關到狗狗的性命，必須立刻採取適當的處置。

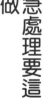

第3章 11

誤吞異物

或許要用上祕技

狗狗，尤其是幼犬特別喜歡把東西咬進嘴裡。除了食物之外，只要感到好奇，就會放進嘴裡確認看看。如果因此而吞下異物就不妙了。

什麼原因？

可能是

- ●異物堵塞腸胃
- ●吞下銳利的異物（大頭針、縫衣針、玩具等）、過大的零食　等。

此情況的特徵是？

與人類的寶寶一樣，幼犬尤其喜歡把所有東西咬進嘴裡，因此必須留意。

只要狗狗能夠搆到的範圍內，都

及早注意的關鍵

狗狗玩耍或吃飯時，如果突然流口水，或是伸長脖子，或是不停劇烈咳嗽時，可能是喉嚨有東西哽住了，必須立刻張開牠的嘴巴做確認。

這種情況必須小心

一如前面提過的，如果狗狗吞入異物時，被飼主發現了還不要緊，但意外多半發生在飼主沒有看見時。

如果狗狗吐出異物，或者與糞便一起排出來就沒有問題。但是如果排泄出來的異物不完整，或是胃腸堵塞了，症狀就會逐漸惡化，以致發生致命的腸道阻塞。因此飼主務必要留意。

不要擺放牠能夠吞下的物品，以避免意外的發生。

玩具、點心等也應挑選堅固且大型的種類，至於縫衣針、大頭針等則必須記得收好。

狗狗在換牙時，因為牙齒癢，尤其喜歡亂咬東西，因此格外容易發生這類意外。

緊急處理要這樣做

見到狗狗誤吞異物的下一秒，如果知道該異物的大小能夠從狗狗嘴裡吐出來，就餵食牠吃下一小匙鹽巴，狗狗就會因為受到刺激而吐出異物。

但是這種處理方式，必須是在剛吞下那一刻才可使用，否則會很危險。

異物很可能也會造成狗狗的中毒。這種時候必須立刻聯絡醫院。

無論如何，只要遇上吐不出來的時候都必須小心，如果放著不管，異物很可能會堵塞胃腸。

小筆記 拿不出塞住喉嚨的異物是最緊急的狀況！

Dr.川口的建議

除了幼犬之外，還有些狗狗也容易誤吞異物，如：獵犬或有獵犬血統的狗狗。這類狗狗因為有幫助人類狩獵的天性，因此會將玩具等異物當作獵物，咬在嘴裡玩耍，此時就很可能會不小心吞下去。當然除了獵犬之外，也有些狗狗天生就有亂咬東西的習慣。

第3章

12 洗澡時，水跑進耳朵裡

狗狗的耳朵細長，內側佈滿了毛，因此髒東西很容易跑進去。飼主必須注意避免沐浴乳等跑進狗狗耳朵、傷害牠的耳朵黏膜。

什麼症狀？

可能是

- 沐浴乳或髒水跑進耳朵引起外耳炎
- 中耳炎　等。

此情況的特徵是？

定期替狗狗洗澡能夠保持皮膚、狗毛乾淨，也可趁此機會直接觸摸狗狗身體，確認狀況，所以洗澡是件好事。另外還能夠與狗狗互動。

及早注意的關鍵

即使狗狗的精神很好，洗澡前也要檢查一下牠的耳朵。如果耳朵泛紅、潰爛、耳垢太多，或是發出異味時，都應該停止洗澡。

狗狗如果出現搔耳朵的舉動時也是，這種時候洗澡，反而會讓耳朵的症狀惡化。

另外，在洗澡完畢後也要確認耳朵的狀況。洗完澡後引起的外耳炎等毛病是狗狗經常罹患的疾病之一。

這種情況必須小心

大約每個月檢查並清理一次狗狗的耳朵。

耳朵內側（耳廓）會藏有汙垢或灰塵等髒東西。如果放著不處理，細菌會附著在髒東西上導致發炎。

飼主可使用溼紙巾擦拭狗狗的耳朵。另外市面上也有清洗耳朵專用的外用藥水。

如何使用這些東西的方法可向醫院詢問。

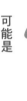

但是洗澡也可能讓髒東西跑進狗狗的耳朵裡，引發外耳炎等疾病。因此洗澡前必須使用棉花將狗狗的耳朵塞住。這樣一來就能夠避免沐浴乳或髒水跑進去。

緊急處理要這樣做

狗狗的耳朵相當脆弱，如果洗澡水跑進去，千萬不要用水直接沖洗耳朵，要使用溼紙巾等擦乾。

耳朵一旦進水，狗狗就會拚命甩頭想要把水甩出來。如果牠持續不斷甩頭，或者搔耳朵，很可能是水流進了耳朵深處，建議最好盡快前往醫院。

小筆記

幫狗狗耳朵塞棉花時偶而會掉落，事先準備好備用工具比較方便。

Dr.川口的建議

夏天酷熱且氣溫高，狗狗耳朵裡會覺得悶熱。一到這季節，塌耳種、長毛種、耳朵不好的狗狗尤其必須注意。外耳炎等耳朵問題好發於夏季，如果放著不管，會逐漸惡化，導致事後必須花上更多時間治療，飼主務必要小心。

第3章 13

洗澡時，眼睛泛紅

用手擦洗

狗狗若在洗澡時亂動，有時會使得沐浴乳或髒水跑進眼睛。一旦眼睛覺得不舒服或疼痛，狗狗就會很在意而導致情況更加嚴重。

什麼狀況？

可能是

- 沐浴乳或髒水跑進眼睛造成結膜炎
- 角膜炎　等。

此情況的特徵是？

狗狗多半討厭洗臉，尤其是眼睛四周。洗臉時最好徒手以撫摸的方式清洗。沖水時也不要直接沖在狗臉上，可用手接水打溼。

及早注意的關鍵

狗狗的眼睛相當脆弱。如果狗狗的身體狀況不錯，但是經常有眼屎或流眼淚時，最好避免使用沐浴乳。這樣做能夠預防眼睛方面的疾病。

這種情況必須小心

沐浴乳一旦跑進眼睛裡，狗狗會因為在意疼痛而不斷搔抓眼睛，造成新的傷口，因此讓眼睛問題更加惡化。一開始先觀察眼睛是否發炎，即使沒有傷口也不該大意。

另外，不可以讓狗狗使用人類的眼藥水。如果狗狗的眼睛充血嚴重或睜不開時，必須立刻送醫。

這種時候要小心按牢狗狗的臉，避免沐浴乳流進眼睛。沐浴乳或髒水一旦跑進眼睛裡，很可能會傷害狗狗的眼睛黏膜導致發炎。

緊急處理要這樣做

眼睛四周沾有眼屎或髒東西時，因為這些部位不易清洗，所以往往造成洗澡時髒水跑進眼睛裡，引發問題。

洗澡前事先清理眼睛四周，就可避免這種問題發生。

沐浴乳一旦跑進眼睛裡，狗狗會覺得眼睛很痛。

長期讓沐浴乳跑進眼睛，會導致結膜炎等眼疾發生，因此最好馬上用流動的清水洗掉眼睛裡的沐浴乳。

Dr.川口的建議

飼養的白毛狗如果沒有擦拭眼淚或眼屎，眼睛下方會出現褐色的淚溝。除了洗澡時，平常也要經常擦拭。另外，眼淚或眼屎多的狗狗可能會罹患眼睛或鼻淚管方面的疾病，請務必小心。

小筆記

鼻淚管疾病多半發生在小型犬身上，如：鼻淚管堵塞或鼻淚管沒有開口等。

第3章
14

黏到貼紙、膠布時

不可以強行撕下

狗狗渾身是毛，一旦黏到黏板或膠帶，要撕下來，恐怕比想像中困難。飼主必須注意不要胡亂觸碰，以免沾黏情況更嚴重。

什麼原因？

可能是

- 黏板（蟑螂屋、蒼蠅黏板）
- 膠帶等膠布類
- 漿糊　● 接著劑　等。

此情況的特徵是？

蟑螂屋、蒼蠅黏板等黏性很強，黏到後若要拔下，狗狗會很痛，因此很難撕下。

漿糊、接著劑等則是一段時間後

及早注意的關鍵

將黏板收在狗狗搆不到的地方，就能夠避免這類意外發生。

有些狗狗會因為對漿糊或接著劑的特殊味道感到好奇而靠近。

散步時，飼主也應該小心，避免狗狗靠近黏板等物品。

這種情況必須小心

如果狗毛黏到黏板上拿不下來，可用化妝品的粉餅或麵粉等粉狀物撒在黏板與狗毛沾黏處。

如此一來就能夠減少黏性，便於取下黏板。拆下黏板時務必一點一點慢慢進行。

狗狗有時可能會亂動，此時最好能夠找幾個人一起幫忙。

會變硬或是讓狗狗動彈不得。如果強行拔下，很可能會在狗狗的皮膚上造成意想不到的傷害，飼主必須小心。

另外，狗狗如果去舔或搔抓也可能讓黏板黏得更緊，這點也必須注意。

緊急處理要這樣做

使用粉狀物（麵粉等）一點一點取下。如果有些部位光使用粉狀物取不下來，可配合使用剪刀剪開或用電動剪髮器剃毛。

變硬的接著劑也可用剪刀一點一點剪開。

黏到黏板處的狗毛，該部位的皮膚也會受傷。拆下沾黏物後，請務必以沐浴乳仔細清洗乾淨。

狗狗很討厭這種處理方式，因此最好請家人一起幫忙。

Dr.川口的建議

有時黏板或接著劑黏到的不是毛，而是皮膚。這種時候如果勉強撕下，可能造成皮膚受傷，因此最好前往醫院就診。這類意外多半發生在幼犬或室內犬獨自看家，或飼主看不到的時候，因此平日就應該注意。

小筆記

狗狗可能因為被東西黏到不舒服而亂抓，造成自己受傷。

第3章
15

在浴缸或水池裡溺水

馬上讓狗狗把水吐出來

狗狗喜歡泡水，尤其是到了夏天，為了消暑，狗狗經常會跑進河川或水池裡。但有時可能會發生意想不到的意外。

什麼原因？

可能是

- 散步時，在河川或水池玩耍而溺水
- 掉進浴缸裡溺水 等。

此情況的特徵是？

狗狗喜歡水，也經常會跑進水裡玩耍。

但是如果飼主覺得無所謂而沒注意到狗狗，將會非常危險。原本會

及早注意的關鍵

狗狗的身體不舒服時，最好停止散步，尤其應該避免進入水裡。

另外，即使狗狗精神很好，遇到冷天或大雨造成河川暴漲這類容易發生意外的日子時也要注意。

另外，浴缸也很危險。即使裡頭的水量不多，如果狗狗爬不出來而因此恐慌，也會有可能溺水。

這種情況必須小心

即使狗狗離開水之後看來和平常沒兩樣，肺部仍有可能已經進水了。如果置之不理，幾天後恐怕會轉為肺炎，因此最好上醫院檢查看看。

游泳的狗狗可能因為意想不到的原因而溺水。

這種情況不只發生在水深的水域，水淺的地方也會發生。

只要自己的身體不能如願行動時，狗狗就會驚慌，以致轉眼間就會溺水。

緊急處理要這樣做

快將溺水的狗狗從水裡救起。狗狗一溺水，很可能因為緊張而吸入或吞入大量的水。這裡要介紹給各位讀者關於狗狗溺水時的最佳處理法。

1 抓著雙腿，以頭下腳上的方式大力搖晃。

2 拍打背部或胸口。

3 如果嘴巴或鼻子吐出水，要讓牠全部吐出來。

4 如果沒有呼吸，進行人工呼吸（可參考135頁）後送醫。

Dr.川口的建議

140頁已經提過狗狗在浴缸裡會遇到燒燙傷的情況，而室內犬偶而還會在浴缸裡發生溺水意外。飼主最好將裝了水的浴缸加蓋，避免狗狗進入。浴缸的水很少時，狗狗就不會溺水；水很多時，狗狗就會溺水，算是相當危險的地方。

小筆記

15 在浴缸或水池裡溺水

這類意外多半發生在幼犬或小型犬身上。平日就應該特別注意。

第3章
16

指甲刺入肉墊裡

狗狗身上經常會發生拇指指甲刺入肉墊的意外。平日如果鮮少注意狗狗的指甲，就會出現這種情況，飼主應該留意。

什麼原因？

可能是

● 拇指指甲太長，刺入狗狗的肉墊裡。

此情況的特徵是？

刺入肉墊的指甲多半是拇指指甲，也稱為倒刺。

倒刺的情形有時會發生在小型犬的前腳上；中、大型犬則是前後腳。也就是說，中、大型犬必須要

及早注意的關鍵

首先最重要的就是定期剪指甲。每月檢查一次指甲的長度。

經常出門散步的狗狗，拇指之外的指甲可能已經磨掉。但是室內犬或鮮少散步的狗狗則必須要剪指甲。

修剪過長的倒刺時，先以剪刀或老虎鉗剪去尖端，再用狗狗專用的指甲刀減去剩下過長的部分。

這種情況必須小心

拇指指甲不會碰到地面，因此就算散步也不會磨短，而會逐漸變長。飼主注意到時往往已經變成如卷貝一樣彎曲，而且刺進肉墊裡了。

注意的部分較多。

外出散步時必須留意。倒刺如果變長會變弧形，因而會直接朝著肉墊延伸，刺進肉墊裡。

緊急處理要這樣做

先剪掉刺進肉墊裡的指甲尖端，取出刺入的部分，接著立刻清洗傷口。

如果傷口流血，可使用紗布等加壓止血。小心別讓泥土等髒東西跑進去。狗狗如果會痛，最好暫時停止散步。

刺入肉墊的倒刺用狗狗專用的指甲刀很難剪斷，更別提拿人類用的去剪。因此，為了預防這類意外發生，就需要時時修剪狗狗的拇指指甲。

Dr.川口的建議

如果偶而才剪指甲，狗狗就會很討厭剪指甲。最好從幼犬時就定期幫狗狗修剪指甲，這可讓狗狗養成習慣。剪指甲的重點是對著光線觀察指甲，剪掉血管所在位置再前面一點的部分。指甲中央紅色的部分有血管與神經，若剪到了，狗狗會很痛。

小筆記

狗狗不肯乖乖剪倒刺時，可能會造成意想不到的傷害，因此最好前往醫院處理。

醫生的全方位建議

遭遇突然發生的意外時，飼主不能驚慌。最重要的是先保持冷靜。只要遵照底下列出的重點，遇到意外時也能夠安穩對應。

1. 萬一發生意外，直到狗狗冷靜到某種程度之前，不要碰牠。
2. 急救處理必須移到安全的地方進行。
3. 平日就應該具備急救常識。
4. 有外傷時，如果狗狗願意給飼主碰，可試著將傷口清洗乾淨。
5. 出血時，如果狗狗願意給飼主碰，可嘗試採用加壓止血法。
6. 如果狗狗亂動的話，則必須多人通力合作進行急救。
7. 急救處理完畢後，必須注意狗狗的身體狀況是否突然惡化。
8. 受傷後，暫時停止外出散步。
9. 檢討為什麼會發生意外、受傷，避免再度發生。
10. 隨時留意狗狗散步路線的路況。

第4章

不同的年齡與性別

會有不同的疾病！

第4章 1

●幼犬特有的疾病

嘔吐、腹瀉

幼犬很敏感，必須盡快處理

不只是生病時，吃太多或氣候驟變等日常生活的小改變，也會使得幼犬上吐下瀉，因此必須注意。

什麼原因？

可能是

●寄生蟲病 ●病毒性疾病

●細菌性疾病 ●腸胃炎

●消化不良 ●精神壓力

●氣候驟變　等。

造成的原因是？

比起成犬，幼犬的胃腸功能尚未發育完全，很容易上吐下瀉。

造成這狀況的原因很多。

及早注意的關鍵

幼犬的肚子裡可能有蟲。如果上吐下瀉時，請務必檢查糞便確認一下。

另外，幼犬的抵抗力弱，如果染上可怕的病毒性疾病，很可能無法戰勝病毒，因此只要能夠接種的疫苗全都要接種。

另外，狗狗的飯量、吃飯次數、吃飯時間都應該要固定，飼主必須替狗狗安排規律的生活。

這種情況必須小心

與成犬相比，幼犬對食物的消化吸收能力尚未完全發育完成。

比方說一次吃下大量食物，或是突然改變食物內容，或是給太多油膩的食物、零食，或是喝太多水，這些都有可能造成狗狗消化不良或腸胃炎等。

身體較弱的幼犬甚至會出現上吐下瀉的情況，請飼主務必留意。

如果持續太久，可能會變成無法吃飯或引發脫水，到了這地步就無法自行痊癒，必須花上很長的時間治療，因此建議還是盡早處置較為妥當。

該如何治療？

肚子不舒服時，應該要以少量多餐的方式給狗狗較柔軟、好消化的食物。另外也要避免讓狗狗喝太多水或喝冰水。

上吐下瀉的情況如果只有出現一次，可暫時觀察狗狗的狀況。如果這樣的狀況一直持續下去，而且狗狗精神不佳時，飼主就必須擔心了。

在此同時，飼主需注意狗狗的排泄物、嘔吐物中是否帶血或黏液等不易看見的東西。接著記下狗狗上吐下瀉的時間與次數，或是帶著排泄物、嘔吐物前往醫院。

小筆記

欲更換食物時，必須花一個禮拜的時間先餵食新舊混合的食物，再逐步更換。

Dr.川口的建議

換季時，幼犬會因為氣溫驟變而體力衰退。飼主必須注意早晚會不會太冷、冷氣會不會太強。另外也應注意別讓幼犬一次吃太多。最好事先弄清楚狗狗每天需要的食物份量，並且分成3次餵食。

第4章 2

●幼犬特有的疾病

發燒

發燒是身體不適的警訊

幼犬一發燒就會沒有活力也不吃飯。如果懷疑狗狗好像不舒服，最好先確認看看牠有沒有發燒。

什麼原因？

可能是

- ●病毒性感冒（流行性感冒）
- ●細菌性感冒
- ●腸胃炎
- ●中暑 ●外傷 等。

此症狀的特徵是？

發燒是身體某部分出現問題的警訊。

幼犬還無法順利自行調節體溫，

及早注意的關鍵

幼犬的正常體溫比成犬略高。平常就該曉得狗狗的正常體溫。

另外，當幼犬身體不適時，量體溫確認牠是否發燒，也有助於及早發現疾病。

這種情況必須小心

在冬天時，狗狗若睡在地板上會因為太冷而容易感冒。最好多墊幾條毛巾或電毯替狗狗保溫。

相反地，夏天則要注意通風或開冷氣，否則狗狗可能會中暑。

另外，要避免在盛夏最熱的時間帶幼犬外出，因為幼犬還不會調節自己的體溫，因此容易發生危險。

因此飼主平常應該注意保持幼犬生活環境的舒適。

一旦發現發燒，必須盡早就醫。發燒時，狗狗會張大嘴巴、伸出舌頭快速「呼呼」喘氣。

該如何治療？

●如何測量體溫？●

◎狗狗要測量肛溫。

◎在狗狗安靜時測量。玩耍後或興奮時，即使身體健康，體溫也會偏高。

◎將動物專用的水銀體溫計插入肛門，直到看不到水銀為止。

◎靜待1分鐘左右。

◎1分鐘過後拿出體溫計看刻度。

請務必預防所有能夠靠接種疫苗來預防的病毒性感冒。否則症狀嚴重時可能一下子就會惡化。

另外，如果狗狗發燒了，就要讓狗狗靜養，並餵食好消化的食物給狗狗。

小筆記

狗狗發燒時要給牠補充足夠的水分。如果持續高燒不退，就必須盡快就醫。

Dr.川口的建議

測量體溫時，體溫計若無法順利插進肛門，可使用乳液等塗抹在體溫計尖端。若幼犬反抗，就多找一個人幫忙撫摸狗狗的頭，轉移牠的注意力。另外，中暑之外的發燒不可以澆冷水降溫，因為有時可能是傷風所造成的。

第4章 3

●幼犬特有的疾病

沒精神

一定有問題！要留心

幼犬如果總是沒精神，或許是生病了。如果突然沒精神，請務必確認牠的生活狀態是否與平常不同。

什麼原因？

可能是

●低血糖症 ●壓力

●先天性疾病

●受傷 ●病毒性疾病

●細菌性疾病 等。

此症狀的特徵是？

幼犬除了睡覺以外的時間都非常有精神。

如果打從一開始就無精打采，飼

及早注意的關鍵

食量減少或糞便鬆散，都是身體不適的徵兆。

「幼犬的工作就是睡覺」，所以幼犬經常在睡覺。這段睡覺時間是牠長大、變強壯的關鍵期。

雖然幼犬很可愛，但如果每個人不斷輪流與牠玩耍，再有活力的狗狗也會逐漸喪失體力。因此如果狗狗喪失活力，就該讓牠稍微靜一靜。

這種情況必須小心

幼犬的體力如果過度衰退，血液中的血糖值便會急速下降，造成低血糖症。

如此一來，狗狗會突然渾身無力，因此要讓狗狗有充足的睡眠與休息。

主應該注意或許幼犬是罹患先天性（出生就有）疾病或早已被某種病毒感染。

如果狗狗某天突然沒有精神，請想想自己是否在平常生活中曾經做出了強迫牠去做某些行為的舉動。

該如何治療？

你是否讓幼犬一直陪小孩子玩？這種舉動對於幼犬的體力來說是過大的負擔，而且可能造成意想不到的意外，飼主最好要在一旁盯著。

幼犬若已經被病毒或細菌感染了，在出現腹瀉、嘔吐、咳嗽或打噴嚏等症狀前，會沒有精神、渾身無力。這種情況很容易二次感染，建議盡早前往醫院。

小筆記

小孩與幼犬接觸的時間如果沒有固定，可能會造成狗狗的精神疲勞。

Dr.川口的建議

狗狗沒精神可能有許多原因，也或許是罹患了什麼疾病。另外，即使是輕微的感冒，幼犬往往會突然病情惡化，因此如果過了一天狗狗還是沒有恢復精神，或者找不出原因時，最好馬上詢問獸醫師。

●幼犬特有的疾病

流鼻水

或許是感冒了

鼻水是狗狗感冒時會出現的第一個症狀。即使狗狗精神很好也應該盡量讓牠靜養，或是更換成容易消化的食物餵食，注意牠的健康管理。

什麼原因？

可能是

●病毒性感冒
●細菌性感冒　●鼻炎
●慢性鼻竇炎
●過敏性鼻炎　等。

造成的原因是？

造成幼犬流鼻水的可能原因之一就是感冒。但是除了感冒之外，也可能是細菌性疾病、鼻子方面的疾

及早注意的關鍵

幼犬流鼻水或打噴嚏時，可能是染上了病毒性感冒，也就是俗稱的「犬舍咳」。

這種病毒可藉由疫苗預防，因此務必要接種。

如果沒有施打疫苗，很可能會受到其他狗狗傳染或傳染給其他狗狗，必須格外留意。所有能夠做到的預防工作應該都要做。

這種情況必須小心

鼻水也有各種狀態。透明如水般的鼻水可能是生病初期或暫時的症狀。

若一開始就出現黏稠的黃綠色鼻水，就表示鼻炎正在惡化，或者很可能已經有膿。

若鼻水中有摻血，代表狗狗的鼻黏膜脆弱。飼主可以利用這種方式觀察狗狗的鼻水來確認狀態。

病等，原因眾多。

另外，一進入春天就會有許多幼犬對灰塵或花粉等過敏而流鼻水。

在冬天空氣乾燥的季節中，狗狗的鼻黏膜較脆弱，容易引起感冒，因此也必須小心。

該如何治療？

流鼻水多半表示幼犬的體力衰退，最好採取靜養，讓牠恢復體力。

若對鼻水置之不理，很可能會惡化成慢性鼻炎等不容易醫治的疾病，因此最好盡快接受治療。

另外，狗狗得到過敏性鼻炎時也會流出大量鼻水或打噴嚏。

引發過敏的原因可能是室內灰塵、花粉等，只要覺得有可能造成過敏的東西就要先清除，再前往醫院詢問使用抗過敏劑、消炎劑的可行性。

Dr.川口的建議

即使只是普通感冒，若是發生在幼犬身上，症狀很可能一下子就惡化，因此飼主不能輕忽。另外，即使狗狗的外觀看起來很好，只要精神一緊繃，也可能會流鼻水。這種時候的鼻水會像水一樣。不過這只是生理現象，無須擔心。

小筆記

幼犬感冒時要留意鼻塞、食慾不振等症狀。

第4章 5

●幼犬特有的疾病

吐出蟲

肚子裡是否有寄生蟲？

狗狗吐出蟲，表示肚子裡有蟲，必須立刻除蟲。肚子裡若有蟲，不只是腸子狀況不好，也無法吸收營養。

什麼原因？

可能是

●寄生蟲病。

此症狀的特徵是？

若幼犬突然嘔吐，而且嘔吐物中有蚯蚓大小的白蟲，那真的很嚇人。

這種時候吐出的蟲多半都是犬蛔蟲。這類蟲平常寄生在小腸裡，有時會來到胃部。

及早注意的關鍵

吐出蟲是肚子裡有寄生蟲的證據。飼主平時就要定期檢查狗狗的糞便。

幼犬肚子裡有蟲時，會出現腹痛、腹瀉、嘔吐，甚至營養不良的情況。

另外，狗狗肚子格外鼓脹時也必須注意。

這種情況必須小心

狗狗肚子裡有蟲時，除了肚子會不舒服外，吃下的食物養分也會被蟲吸收。

因此儘管狗狗乖乖吃飯，發育卻不如預期時，就表示身體不健康。

幼犬所吃下的食物會影響到牠將來的發育，可說是打造狗狗一生健康的基礎。因此飼主必須觀察幼犬的吃飯狀況及其食慾。

肚子裡的蟲太多時，幼犬會因為不舒服而吐出來。

吐出的蛔蟲雖然不多，但這表示有眾多蛔蟲寄生在腸子裡，因此會使得腸內產生異常氣體，讓幼犬的肚子鼓鼓脹起。

該如何治療？

直接帶著嘔吐物前往醫院，同時也要檢查糞便。若確認狗狗肚子裡有蟲時，就必須盡快除蟲。

同時，如果狗狗的排便狀況不佳，有時還必須配合使用整腸藥或助消化藥。

犬蛔蟲主要是停留在狗狗的小腸內吸收養分，因此也往往會引起小腸黏膜炎。

另外，這種蛔蟲也有可能是透過母狗胎盤或母乳感染，因此幼犬的兄弟姊妹與母親都必須除蟲，以避免再度感染。

小筆記

有些幼犬體內一旦有蟲，就會食慾不振或打嗝。

Dr.川口的建議

即使飼養的幼犬很健康，也必須定期檢查糞便。從糞便中不只可以看出狗狗的肚內是否有蟲，也是健康的指標。犬鉤蟲也是幼犬身上常見的寄生蟲病之一，這種蟲雖然鮮少被吐出來，但是會嚴重傷害腸黏膜，還會出現血便，因此必須盡早除蟲。

第4章 6

●幼犬特有的疾病

呼吸不穩

呼吸速度太快很危險

一般來說，幼犬的呼吸速度比成犬快。一旦興奮發熱，呼吸立刻就會出現變化。呼吸紊亂是身體狀況改變的證據。

什麼原因？

可能是

●軟齶過長症 ●發燒

●外傷 ●心臟病 ●鼻子疾病

●肺炎 ●支氣管炎

●氣溫過高 等。

此症狀的特徵是？

幼犬不是處於興奮狀態或運動後卻呼呼喘氣，就表示有異狀。飼主必須確認狗狗是否發燒、呼吸痛苦

及早注意的關鍵

平日就常在喘氣的幼犬可能是患有先天性的疾病，飼主必須注意。

即使幼犬很有精神，也要留意牠平日有沒有吃飯、糞便狀態有沒有什麼變化，才能夠及早發現疾病。

另外，飼主外出回來時，幼犬會因開心興奮而呼吸急促，但，只要一會兒後恢復正常就沒問題。

這種情況必須小心

短吻種幼犬容易呼吸急促，這可能是因為軟齶過長症這類先天性疾病所造成的。

這種情況在興奮或睡覺時都會發出咕咕的打呼聲，飼主最好確認看看。

或哪裡疼痛。

狗狗的氣管或肺部若是發炎，呼吸也會變得困難而氣喘吁吁。另外天氣太熱時狗狗的呼吸也會紊亂。鼻炎、流鼻水是造成幼犬以嘴巴呼吸的原因，因此必須盡早治療。

另外，若狗狗患有先天性心臟病時也會出現呼吸困難。這種時候，狗狗的口腔黏膜或舌頭顏色會呈紫色或藍色。

該如何治療？

讓幼犬靜下來觀察牠的呼吸是否恢復正常。

呼吸困難的狀況若持續著，對幼犬來說會很痛苦。若出現安靜時，在原因不明的狀況下也氣喘吁吁，或是長時間呼吸困難等的時候，建議盡早帶狗狗去接受治療。

若是患了鼻炎、支氣管炎、肺炎等疾病，可利用抗生素或消炎藥治癒。

狗狗有先天性心臟病時，視病情程度不同，可能會遇到難以治療的情況。

Dr.川口的建議

軟齶過長症雖然可藉由手術治癒，不過在日常生活中仍要特別留意，注意別讓幼犬太興奮或從事劇烈運動。另外，如果狗狗沒精神，或是安靜時呼吸急促，可能是室內溫度過高或受傷了。

小筆記

有心臟病的狗狗可利用內科治療控制病情，並借助飲食療法穩定生活。

第4章 7

●高齡犬特有的疾病

無法爬上樓梯

不要強迫狗狗

高齡犬爬不上樓梯可能是骨頭或關節有問題。這樣一來，不只爬樓梯辛苦，上下椅子或桌子時也很危險。

什麼原因？

可能是

- ●脊椎或關節發炎
- ●脊椎或關節老化變形
- ●視力衰退　等。

此症狀的特徵是？

一上了年紀後，狗狗的關節潤滑程度就會減少，因而造成發炎或變形，狗狗因此而不願意移動身體或上下樓梯。

及早注意的關鍵

散步時，狗狗有沒有拖著腳走路？另外，觸碰牠的背部或腰部時，有沒有表現出排斥的態度？如果有出現這些狀況，很可能是關節或骨頭發炎或變形了。

狗狗有時會因為眼睛看不清楚而討厭爬樓梯。牠們無法閃避幅度不大的高低差或障礙物，因而會被絆倒或撞到東西。

這種情況必須小心

若狗狗的視力衰退了，一旦遇上有高低差的地方，牠就無法掌握遠近感，因此會變得討厭上下樓梯。如果發生這種情況但狗狗的身體卻沒有發現異常時，飼主就應該確認一下狗狗的眼睛。

另外，脊椎老化也會出現變形與疼痛。關節變形或發炎經常發生在小型犬的膝關節上，大型犬則多半發生在髖關節上。

這樣的病症除了無法上下樓梯之外，狗狗的走路方式也會變得很奇怪，或者也可看到牠腳步不穩等情形況。

該如何治療？

上了年紀後，狗狗散步的頻率不需要和年輕時一樣。

勉強牠從事與成年期同樣程度的劇烈運動，對牠的身體來說，反而是種負擔。適度運動的同時也應該要盡量避免前往有高低差或步行不便的場所。

發炎和疼痛多半可藉由藥物改善，建議飼主可帶狗狗上醫院看看。

脊椎老化造成的變形容易引發椎間盤突出。如果狗狗一動，身體就會痛，或可使用鎮靜劑或消炎藥來改善情況。

小筆記 關節變形症狀如果很嚴重，有時可能必須動手術。

Dr.川口的建議

除了樓梯之外，也要避免讓狗狗上下椅子或桌子。即使牠精神很好，但，只要高齡犬的關節或骨頭遭受強烈撞擊，都有可能發生意想不到的意外。另外，有些治療用食品或營養補給品能夠減緩狗狗的關節發炎症狀，飼主可與獸醫師討論之後，看看是否搭配使用。

第4章 8

●高齡犬特有的疾病

黑眼珠變白濁

或許會失明

動物是藉著光線進入黑色眼珠部分才能看到東西。黑眼珠部分如果變得白濁，看東西時就會有困難。此症狀常見於高齡犬身上。

什麼原因？

可能是
- ●白內障
- ●角膜炎
- ●角膜潰瘍　等。

此症狀的特徵是？

有些狗狗上了年紀後，黑眼珠會變得白濁。有時只有一點點，有時則是完全變白。白濁的惡化程度每隻狗狗不同，但原因多半是白內

及早注意的關鍵

狗狗的黑眼珠如果因為白內障而變得白濁，看東西會很吃力，行動也會出現變化。

比方說，牠們會變得討厭陌生的巷道或黑暗。若繼續惡化下去，黑眼珠就會變成全白，這時候就完全看不見了。

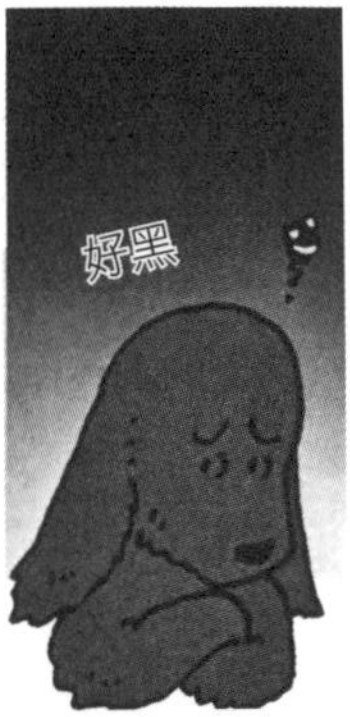

這種情況必須小心

當眼睛受傷惡化時，有時傷口會變得白濁且擴大，如果置之不理，則會發炎惡化，造成眼睛潰瘍或穿孔，必須非常小心。

另外，狗狗因為疼痛而搔抓、拉扯受傷部位時，可能會造成情況更加惡化。

仔細觀察狗狗的情況，如果太嚴重時就前往醫院就診。

障。

初期階段肉眼看不出眼睛白濁，也不會影響到狗狗的日常生活。

但是隨著症狀惡化，狗狗會開始撞到東西或小心翼翼地行動，這時就已經影響到視力了。

該如何治療？

白內障手術的目的是恢復視力，因此必須前往有專科醫師的醫院，不能前往一般醫院。

另外，白內障可使用眼藥減緩惡化，建議飼主可找醫院洽詢。

角膜炎的治療則可使用眼藥和內服藥。角膜腫瘤嚴重惡化時，可進行手術以保護角膜。如果置之不理，治療會愈加困難，因此最好盡早開始治療。

Dr.川口的建議

如果狗狗的視力不佳，外出散步或前往陌生地點時就必須注意。此時，飼主的眼睛要代替狗狗的眼睛。老化引起的白內障約在5～6歲時會出現症狀。定期健檢等將有助於及早發現。

小筆記

一旦併發了青光眼，狗狗可能會因為疼痛而揉眼睛。

第4章 9

●高齡犬特有的疾病

失智症

大家一起幫忙照顧

上了年紀後，狗狗會罹患失智症。這時期會出現一些常見症狀。狗狗活得愈久，就會和人類一樣出現失智症的問題。

什麼原因？

可能是

● 高齡造成的失智症。

此症狀的特徵是？

得到失智症狗狗的症狀主要有以下幾種：

● 個性改變（變成面無表情）
● 躲進狹窄的地方不出來
● 白天睡覺，晚上活動

及早注意的關鍵

狗狗的作息如果日夜顛倒時就必須注意。

失智症初期的多數情況是，狗狗會在白天睡覺，在夜裡持續大聲汪嗚汪嗚吠叫。這對於飼主來說是很大的困擾。

另外，壓力造成的失智症則是起因於改變狗狗睡覺的位置，或是更換平常使用的毛巾等周遭事物所造成的，對此飼主必須注意。

這種情況必須小心

每隻狗狗的失智症惡化情況各有不同。這些症狀也往往會讓飼主感到困惑。

比方說莫名有食慾，或是平日就到處閒晃等。

照顧失智症狗狗對於飼主的身心而言都是沉重的負擔。如果有疑問或不解，可與家人或醫院討論，藉由眾人的力量一起幫助狗狗。

● 持續大聲吠叫
● 在原地轉圈圈
● 莫名地有食慾
● 無法忍耐、控制大、小便，即使睡覺時也會排泄
● 懶得活動，經常在睡覺

該如何治療？

狗狗一旦出現了失智症的症狀，最好盡早前往醫院諮詢，看看是否該使用藥物來緩和情況。

另外，如果有什麼問題也可找人商量，、尋求眾人的力量一起幫助狗狗。

除了老化所引起的失智症之外，壓力也是引起失智症的原因。仔細想想狗狗周遭是否出現了什麼變化，平日生活如果出現變化，狗狗在精神方面會有壓力，並且會向飼主表達不安。因此最好盡早恢復狗狗以往的生活。

小筆記 沒有固定照顧狗狗的人也會給狗狗造成壓力。

Dr.川口的建議

高齡犬即使過去沒有病史，飼主也應該確認牠的身體狀態，注意牠今天有沒有吃飯、大小便是否正常。
另外，如果牠腳步不穩、在原地繞圈子、躲在狹窄場所時，有時也有可能是受傷了，因此家人要好好照顧牠。

第4章
10

●高齡犬特有的疾病

整天躺著

支持牠的只有家人了

無論什麼原因，高齡犬整天躺著都是大問題，必須仰賴飼主全方位照顧。眾人齊心協力支持狗狗吧！

什麼原因？

可能是
- ●失智症的症狀
- ●各種疾病末期的症狀　等。

此症狀的特徵是？

狗狗若整天躺著會壓迫到肩膀、腰部關節等突出部位，影響血液循環，造成褥瘡（俗稱壓瘡）。
飼主必須協助狗狗一天翻身數次，替牠做身體按摩或運動手腳，

及早注意的關鍵

172頁中也曾經提過，若狗狗的失智症惡化，牠多半會整天躺著。
其他疾病若惡化時狗狗也可能會整天躺著。高齡犬生病時惡化的速度往往很快。無論得到什麼病，都請務必盡早接受治療。

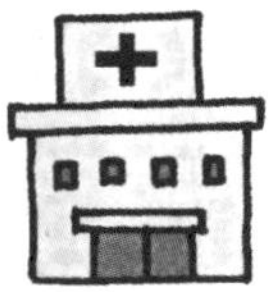

這種情況必須小心

如果狗狗整天躺著，即使是飼養在室外的狗狗，也要讓牠進入室內徹底接受健康管理。
在室外無法完全照顧到狗狗。別讓狗狗睡在玄關或地板等堅硬的地方，請替牠們鋪上柔軟的毯子或毛巾等。
另外，讓狗狗睡在氣墊或水墊也是不錯的方法。這些能夠防止狗狗的體重集中在突出的部位。

以給予刺激。

狗狗在吃飯和大小便時因為也會躺著進行，所以嘴巴四周和屁股會弄髒，這些也必須注意。

該如何治療？

如果狗狗得了褥瘡，就必須幫牠消毒傷口，蓋上紗布，保持清潔。即使褥瘡範圍很小，也不可以與地面直接接觸。可墊上甜甜圈狀的扁抱枕，墊著傷口四周，避免直接壓迫到傷口。

症狀若持續惡化到狗狗無法自行進食時，一天可分2～3次餵食，同時也要充分補充水分。

這時的狗狗大小便會失禁，因而可使用市售的狗狗專用尿布。

小筆記

經常幫狗狗清洗屁股與尾巴，以保持清潔。

Dr.川口的建議

既然狗狗無法活動，就應該讓牠的飲食多些變化。不過最好給牠富含纖維與水分的食物，以免便秘。

照顧只能躺著的狗狗對於飼主來說在身心兩方面都很辛苦，因此請務必尋求家人一同幫忙。

肛門附近有異物

●公狗特有的疾病

公狗常見的疾病之一就是肛門四周有腫塊或痘子。有時會變大或變多，必須注意。

什麼原因？

可能是

●圍肛腺瘤。

此症狀的特徵是？

公狗的肛門四周、尾巴根部一帶會長出痘子般的東西。痘子會變大或變多，有時還會破裂造成發炎。這種情況可能是圍肛腺瘤。

一旦染上這種疾病，狗狗會舔肛門或摩擦屁股。這樣可能會造成化

及早注意的關鍵

經常觀察狗狗的屁股確認。沒有動過結紮手術的狗狗尤其要注意。

有時即使外觀看來沒有，但仔細一摸就會發現有腫塊。像這樣平常就要經常確認，才能早期發現，早期治療。

另外，即使屬於良性腫瘤，如果置之不理也有可能會變成惡性的，因此必須留意。

這種情況必須小心

大致上，這種疾病多發生在沒有動過結紮手術的中高齡公狗身上。

這種疾病的發生與雄性荷爾蒙有關，因此若動過結紮手術，發生的機率就會降低。

膿或分泌有臭味。

另外狗狗在排便時也很容易會便祕。

該如何治療？

圍肛腺瘤如果置之不理會變大、變多，如此一來，治療反而會變得費力，因此最好盡早進行外科手術。

此疾病與雄性荷爾蒙有關，最好能同時進行結紮手術。

如果是惡性腫瘤，即使進行手術，仍有可能復發或轉移。

另外，此疾病雖然鮮少發生在母狗身上，但仍不排除有發生的可能，因此飼主不能掉以輕心。

小筆記

腫塊或痘子所長的位置可能會影響肛門的閉合或排泄的乾淨與否。

Dr.川口的建議

若狗狗的尾巴是下垂的，尤其容易會妨礙肛門通風，也容易沾附上糞便，因此必須留意，要盡量保持清潔。排便後以柔軟的溼紙巾等擦拭肛門四周也是預防的方法之一。

第4章 12

●公狗特有的疾病

睪丸只有一顆！

有些公狗生下來就只有一顆睪丸或一顆也沒有。平常睪丸在陰囊裡，因此很難以眼睛直接確認。

什麼疾病？

可能是

●隱睪症（睪丸停滯）。

此症狀的特徵是？

飼養出生1～2個月以上的公狗時，最好能觸摸牠的陰囊確認是否有兩顆睪丸。

陰囊裡只有一顆睪丸或一顆也沒有時，可能是睪丸停留在腹腔或其他地方。這就稱為隱睪症（睪丸停

及早注意的關鍵

正常的公狗在剛出生時，陰囊內也可能沒有睪丸，。也就是說剛出生的公狗陰囊內是空無一物的。

大概要等到出生後1～2個月左右，原本位在腹複腔內的睪丸才會經由腹股溝下降至陰囊裡。

因此出生後1～2個月左右，最好能直接觸摸狗狗的陰囊，以確認裡頭是否有睪丸。

這種情況必須小心

一般認為，隱睪症是性荷爾蒙不足，或是讓睪丸降至陰囊的器官不夠發達所導致。

另外，這種疾病目前已經確認是屬於遺傳性疾病。

滯）。

位在腹腔中的睪丸因為溫度過高的關係，無法正常製造精子。

體溫對於製造精子的環境來說，是過高的，因此睪丸會下降到陰囊裡。而隱睪症就是睪丸沒有降下來的情況。

該如何治療？

隱睪症的睪丸無法製造精子。而當睪丸只有一顆或兩顆都沒有時，變成腫瘤的可能性會很高。這種時候建議就要進行手術。

出生後1～2個月時，在正常的情況下是睪丸會下降到陰囊內。如果到了1歲，睪丸仍然沒有進入陰囊內，幾乎可以確定之後都會是這樣。

隱睪症不只會妨礙原本的睪丸活動，對身體也會產生不良的影響。

小筆記 大家各位似乎對隱睪症會對身體會產生不良影響一事不太清楚。

Dr.川口的建議

變成腫瘤的睪丸，如果置之不理會影響身體健康。即使兩顆睪丸都在陰囊內，也應該經常觸摸確認狀態。
另外，隱睪症的手術與一般結紮手術不同，必須打開腹腔。手術進行的方式等可向醫院詢問。

第4章 13

●公狗特有的疾病

排便不順

經常發生在未結紮的公狗身上

公狗有前列腺這個器官。如果沒有進行結紮手術，等到成為高齡犬，恐怕會成為引起狗狗身體不適的原因，因此不容輕忽。

什麼原因？

可能是

- 前列腺肥大
- 前列腺瘤
- 前列腺囊腫 等。

此症狀的特徵是？

前列腺是公狗獨有的器官，負責製造精液的成分，也就是會強烈受到性荷爾蒙影響的器官。狗狗的前列腺原本就偏大，因此一旦肥大就

及早注意的關鍵

狗狗排便不順或是排出扁平的糞便時，多半是前列腺肥大初期的症狀。

另外，前列腺長腫瘤或積膿時，會出現無法小便的情況。

這種情況必須小心

前列腺肥大後，會在前列腺內形成大型液泡或積膿，使得狗狗感覺不舒服或疼痛。

另外，前列腺本身也可能會變成腫瘤。

無論是上述何種情況，只要一惡化，就會影響排便，有時甚至會影響排尿。

而且症狀一旦惡化，治療就會變得相當困難，因而必須注意。

會引發多種障礙。

前列腺肥大症常見於年老公狗，主要是受到雄性荷爾蒙影響所造成的前列腺肥大，因此多半發生在沒有進行過結紮手術的公狗身上。

該如何治療？

肥大的前列腺有時會壓迫到旁邊的直腸或膀胱，造成排便、排尿的困難。

一有這些症狀時就應該盡速接受治療。有時可吃藥控制，建議找醫院詢問詳情。

服藥無法治療時，就必須以手術摘除前列腺。

最重要的是如果有排便不順的情形，就必須盡早服藥改善症狀。如果前列腺過度肥大，服用藥物來改善的效果恐怕有限。

Dr.川口的建議

狗狗排尿困難時，也可能是前列腺以外的問題，如：尿道或膀胱結石、發炎等，飼主必須多加留意。
另外，前列腺疾病與季節無關，但是腎臟、膀胱等泌尿器官問題則好發於冬季，必須小心。

小筆記

冬天時，狗狗在生理上來說排尿次數較少，尿液較濃，因此泌尿器官就經常會生病。

第4章 14

●公狗特有的疾病

睪丸腫脹

注意狗狗的姿勢

若狗狗的睪丸腫脹，牠就會感覺疼痛、不舒服，甚至舔個不停。但是也有可能什麼症狀都沒有。

什麼疾病？

可能是

- 陰囊炎
- 睪丸炎
- 睪丸腫瘤　等。

此症狀的特徵是？

首先要想到的，這可能是陰囊炎或睪丸炎的炎症。

這類發炎，多半是因為受傷或割傷造成細菌入侵而引起的。這種時

及早注意的關鍵

公狗若食慾不振、討厭走路時，可能是睪丸受傷、發炎或腫脹。

但如果是隱睪症（睪丸在腹腔內），從外觀並無法判斷睪丸是否變成了腫瘤，必須小心。

這種情況必須小心

若狗狗的睪丸突然腫脹，可能是睪丸長腫瘤。

如果是雄性荷爾蒙的影響，不只會造成陰囊腫脹，也會使得皮膚、狗毛出現變化，所以必須小心。

腫瘤多半不會發炎或疼痛，但是不能因此而置之不理。因此必須經常確認，以免發現得太晚。

候，傷處會又痛又熱，狗狗也討厭被觸碰。

另外，因為一動就會痛，所以狗狗會討厭走路，或者會拖著後腳移動。

若發炎或化膿的範圍擴大，狗狗會發燒、食慾不振。而狗狗舔陰囊的舉動則可能會造成皮膚破裂或流膿。

該如何治療？

進行結紮手術可預防腫瘤發生。

飼養沒有進行過結紮手術的公狗時，重點是定期觸摸牠的陰囊，以確認狀態。

陰囊的溫度較體溫略低，如果發炎，溫度就會升高，而這並非好事。

陰囊摸起來覺得有點涼是正常的，如果感覺有點發熱就必須注意。最好盡快帶狗狗去接受治療。

Dr.川口的建議

隱睪症的狗狗尤其必須注意。即使睪丸沒有出現變化，只要陰莖旁邊腫脹，很可能是留在腹腔內的睪丸長腫瘤了。隱睪的睪丸長腫瘤的機率比一般睪丸更高。盡快動手術取出是最好的治療方法。

小筆記

若陰囊破裂，就必須花上更多時間治療，有時甚至必須動手術。

第4章
15

●母狗特有的疾病

乳房腫脹

重點是早期發現、早期治療

偶而有些母狗的乳房（乳腺）會有問題。本節將介紹各種相關原因，不過最重要的仍是及早發現、盡快治療。

什麼原因？

可能是
●假性懷孕
●乳腺炎
●乳腺腫瘤　等。

此症狀的特徵是？

母狗假性懷孕時，身體會誤以為是懷孕，而且已經生產而脹奶、流出奶水。這種情況大多發生在生理期之後的2～3個月之間。

及早注意的關鍵

最重要的是平日觸摸乳房確認狀態。

如果發現腫塊，必須立刻前往醫院。若決定暫時觀望，很可能會造成腫瘤擴散。

此腫瘤多是受到了雌性荷爾蒙的影響。

如果在狗狗第一次發情（月經）之前進行結紮手術，就能夠降低發生機率，預防發病。

這種情況必須小心

觸摸乳房發現有腫塊，剛開始是肉眼看不見的大小，後來逐漸愈來愈大、數量愈來愈多時，就是乳腺腫瘤的症狀。

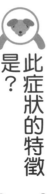

此外，也有可能是乳腺炎。此疾病主要是細菌進入乳房（乳腺）而引起發炎。症狀是腫脹發熱，會流出膿狀奶水。

生理期期間如果沒有發生問題就無須擔心。

該如何治療？

乳腺腫瘤的治療方式，一般是採取手術。

如果是單一的良性腫瘤則不要緊，但此腫瘤很可能復發或惡化轉移，因此。最好前往醫院仔細詢問後再決定治療方法。

若是假性懷孕，可先暫時觀察情況。但如果出現腫脹、疼痛、發熱等症狀，則必須盡快治療。

無論如何，當狗狗的乳房腫瘤復發、轉移、急速成長時，都必須要留意。

小筆記

左右乳房的血管是連接在一塊兒的，因此疾病可能會轉移。

Dr.川口的建議

乳房疾病最重要的是早期發現、早期治療。另外，即使是良性的乳腺腫瘤，如果置之不理，沒有透過手術切除，仍很有可能變成惡性腫瘤，因此不可輕忽。
狗狗的乳房若腫脹，牠會感覺疼痛、不舒服、食慾不振，因此最好盡快展開治療。

第4章
16

●母狗特有的疾病

出現分泌物

尚未動過結紮手術的母狗要注意

外陰部出現白帶或不正常出血等症狀時，是務必要注意的情形之一。飼主平時就要費心留意。

什麼原因症狀？

可能是
●犬子宮蓄膿症
●子宮內膜異位症　等。

此症狀的特徵是？

月經遲遲沒有結束、月經持續不順，或是不曉得月經到底有沒有來卻有白帶，或是外陰部有髒血或白帶等情況出現，這些都可能是罹患了犬子宮蓄膿症。

及早注意的關鍵

這類疾病有時是有白帶卻沒有出血，必須特別留意小心。

除了白帶、出血之外的症狀還包括屁股總是髒兮兮、狗狗很介意而一直舔、經常喝水、腹部腫脹、小便次數增加、沒有精神又變瘦等。

此類疾病經常發生在中高齡且沒有做結紮手術的母狗身上。年輕的狗狗也有可能會發病，所以不可大意。

這種情況必須小心

多數的犬子宮蓄膿症是因為性荷爾蒙失衡，導致身體對於子宮細菌等異物的抵抗力減退而引起。成因是外陰部受到細菌感染，並往子宮內增生，造成化膿、積膿。

子宮內膜異位症則是子宮尚未發展成熟、荷爾蒙失衡等導致。犬子宮蓄膿症如果置之不理恐怕會危及性命，而且多半必須接受手術才能治癒。

另外，這些症狀經常發生在沒有懷孕經驗的母狗身上。

年紀愈大，罹患這類疾病的危險性就愈高。而且此類疾病的最大特徵是往往要惡化到某種程度才會發現。

該如何治療？

首先是必須確認沒有動過結紮手術的狗狗其月經週期是否規律。此一確認動作就是最好的預防。

一般狗狗的月經是在春天和秋天發生，一共兩次，每次會持續2～3個禮拜。

如果動過結紮手術，摘除了子宮與卵巢，就不用擔心罹患此疾病。

犬子宮蓄膿症只要盡早進行手術，就能夠大幅減輕狗狗的負擔。但如果是在子宮內積膿或狗狗沒精神的情況下動手術，癒後恐怕不佳，最好先前往醫院詢問詳情。

Dr.川口的建議

狗狗的月經出血發生在發情期，在月經期間時才會接受公狗並懷孕，與人類的月經完全不同。

順便補充一點，母貓沒有月經，必須透過與公貓的交尾刺激才會排卵，因此不需要和人類一樣的月經。

小筆記

狗狗的月經情況與平常不同時，必須考慮可能是子宮或卵巢有問題。

第4章
17

●母狗特有的疾病

明明沒有懷孕

「我家狗狗明明沒有交配，卻變得很奇怪」這種情況經常發生在沒有結紮的母狗身上。如果發生頻率過高就必須注意。

什麼原因？

可能是

●假性懷孕
●卵巢或子宮疾病　等。

此症狀的特徵是？

多半發生在發情（生理期）中～發情後3個月的期間。明明沒有懷孕，行為舉止卻像懷孕或生產一樣，這就是假性懷孕。

這主要是性荷爾蒙失衡造成。此

及早注意的關鍵

主要症狀是乳房腫脹、奶水流出、沒有食慾，有時會把玩偶當成寶寶照顧，簡直就和懷孕沒兩樣。

這種時候稱為假性懷孕。飼主可暫時先觀察情況，如果狗狗沒有自行痊癒的話，就必須前往醫院。

另外，如果月經週期來潮不規律時也必須特別留心。

這種情況必須小心

假性懷孕在多數情況下，只要一段時間就會自行恢復。但是身體如果出現急速變化，或者不斷發生假性懷孕、月經不順等情況時的話，很可能就是性荷爾蒙失衡、卵巢或子宮疾病所造成的，因此切勿輕忽大

症狀也與卵巢、子宮疾病有關，必須留意。

另外，正如人類的假想懷孕一樣，飼主必須記住此症狀並非單純只是假性情況，而是疾病所造成的。

該如何治療？

可暫時先觀察一陣子。如果狗狗始終沒有痊癒，建議前往醫院就診。

如果狗狗接受了結紮手術摘除卵巢和子宮，就不用擔心會罹患這種疾病。

若狗狗的乳房腫脹疼痛就必須消炎；若吃不下飯時則必須一點一點餵食狗狗容易消化的食物。

接著要觀察症狀是否緩和，並確認下一次月經是否來潮、月經是否有異狀、月經後狗狗是否正常等。

小筆記

記錄下狗狗月經開始的日期、結束的日期，以及當時的情況，以方便參考。

Dr.川口的建議

重點是確認狗狗的生理期是否規律。如果狗狗不斷出現異常發情、月經不順等情況，最好盡早對應。
狗狗的生理期大致上是每年兩次，因此飼主經常會忘記上次月經的狀態或月經有沒有來。這部分請務必確認清楚。

第4章 18

●母狗特有的疾病・補充篇

生小狗時可能會發生的情況是？

本節將為「想要讓自己的狗狗懷孕」、「想瞭解狗狗懷孕是怎麼回事」的讀者介紹不可不知的知識。

讓狗狗懷孕之前

懷孕當然不是病，但是如果事前不瞭解，恐怕會遇到許多問題。最重要的是飼主本身對於狗狗懷孕與生產必須有足夠的知識。

如果自認為「能夠應付」，就讓狗狗懷孕吧！同時。事前也要考慮是否能夠對生出來的狗狗負責到底。

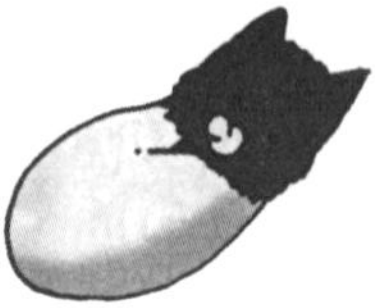

若是狗狗懷孕了

請事先確認，若狗狗懷孕了，是否要在醫院生產。

確定懷孕時，就必須定期前往醫院檢查，以藉此得知肚子裡的寶寶數量、發育是否正常、是否能夠自然分娩等。

尤其是小型犬容易難產，更是必須小心。

另外，飼主也要開始逐步準備狗狗懷孕、生產時的必須品，以迎接幼犬的誕生。

舒適的懷孕生活

狗狗懷孕時，生活中有些必須注意的地方。

首先要讓狗狗生活安全、平順。在懷孕的過程中，狗狗的肚子會很難受，也沒有辦法吃很多，所以飼主必須分多次餵食。

散步時也要挑選適合的時間和場所。

另外還要在狗狗能夠感到安心的場所準備產箱，讓牠習慣。一般說來，狗狗的懷孕期間大約是62天左右。

懷孕、生產時必須準備的用品

●自製懷孕手冊

可用來記錄狗狗的體重、食量、獸醫師的意見等，若有個萬一時會相當方便。

●產箱

可在紙箱或盒子裡鋪毛巾。準備一個能夠讓狗狗習慣、感到安心的地方很重要。等狗狗開始生產才準備就太遲了，這樣，狗狗待在裡頭也不會安心。此外，這箱子也可用來照顧幼犬。

●風箏線、剪刀

母狗咬不斷臍帶時可派上用場。

●犬用奶粉

母狗不餵奶時就可派上用場。

●裝幼犬的箱子、保溫墊

可當做母狗不照顧狗寶寶時的飼養箱。冬季生產時還少不了保溫墊。

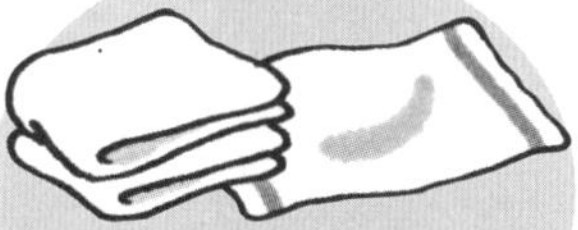

●毛巾

擦拭幼犬時使用。

注意事項

懷孕過程中如果有下列情況，請盡快帶狗狗前往醫院。

○變瘦

○食慾不振，上吐下瀉

○已經懷孕，外陰部卻出血或有白帶

○似乎比預產期早生或晚生

終於要生了！

生產的時刻終於到來。在此簡單整理這一天母狗與狗寶寶的情況。

1 出現要生產的徵兆

生產的前幾個小時，狗狗的體溫會下降1度，大約來到37度左右。如果平常有測量狗狗體溫的習慣，應該就能夠注意到此變化。

若狗狗出現沒有食慾並開始陣痛了，此時牠會不安地繞圈子，並做出築巢的動作。此時飼主必須冷靜地待在狗狗身邊保持安靜，替牠打氣。

2 開始生產

狗寶寶無論頭先出來或屁股先出來都屬於正常分娩。寶寶會在薄薄的胎膜中與羊水一起出來。

有時胎膜在出來的過程中就會破裂流出羊水。狗媽媽會舔狗寶寶，幫牠脫離胎盤，咬斷連接胎盤的臍帶，吃下胎盤，接著讓狗寶寶喝奶。

3 如果碰上難產

母狗癱軟無力或陣痛很久都生不出來、陣痛時很痛苦、看不出是否陣痛、狗寶寶只出來一部分就卡住、大量出血或流出血塊等情況都是刻不容緩的緊急情況，必須盡快與醫院聯絡。

緊急處置！

生產時有些情況在自家就能緊急處理或代替狗媽媽處理。以下列出每個緊急狀況及其因應方式！

●Case1 狗媽媽生下寶寶就不理會時

1 如果狗寶寶仍在胎盤裡，可用手指輕輕弄破胎膜，取出寶寶。
2 如果仍連著臍帶，可在距離狗寶寶身體3cm左右的位置綁緊風箏線，再用剪刀剪斷。
3 直接剪斷臍帶會出血，因此必須注意。
4 用毛巾擦乾狗寶寶的身體。

●Case2 觀察狗寶寶的情況時

1 首先觀察剛生下的狗寶寶口中的黏膜和腳底。
2 健康的狗寶寶應該呈現漂亮的紅色。
3 若沒有呼吸，就會變成紫色、濁紅色、淺粉紅色，甚至是白色。此時必須立刻進行急救。

●Case3 狗寶寶的急救處理法

1 雙手抱住狗寶寶，上下大力搖晃，讓牠吐水。
2 以自己的嘴巴覆上狗寶寶的口鼻吹氣。
3 用毛巾摩擦狗寶寶的身體，一邊擦乾一邊給予刺激。
4 施行規律的胸部按摩。
5 反覆進行。
6 若狗寶寶的心臟開始跳動也開始呼吸，黏膜就會變成漂亮的紅色。

●Case4 狗寶寶不能喝母奶時

1 狗寶寶生下後，試著讓牠們吸吮狗媽媽的乳房。
2 但如果狗媽媽因為排斥而不分泌奶水（可以手指按壓乳房確認）就必須停止。
3 若強行吸吮，狗媽媽可能會攻擊狗寶寶。這種時候飼主就必須負起照顧狗寶寶的責任。
4 沖泡犬用奶粉，維持在人類皮膚的溫度，裝進奶瓶餵食。
5 不能吸吮狗媽媽的奶水時，狗寶寶對於疾病的抵抗力會相當衰弱，因此必須前往醫院接受健康檢查，此時，飼主宜時時注意狗寶寶的身體狀況。

●Case5 關於狗寶寶的屁股

正常的狗寶寶幾乎不會自行大小便。原本該是由狗媽媽舔肛門促使排便，但如果狗媽媽不讓狗寶寶喝奶，也多半不會幫忙促進排便。這種時候必須由飼主在每次餵奶時，以溼紙巾輕拍屁股，以促進大小便。此時的飼主不僅必須負責餵奶也需負責幫助狗寶寶排泄。

Dr.川口的建議

以上是狗狗生產過程的概要。相信各位已經瞭解了過程的辛苦。
生小狗當然是美好的事，但是在此同時也會衍生許多問題，希望各位務必謹記在心。

小筆記 生產很辛苦，同時也要考慮到事後的照護。

醫生的全方位建議

不同年齡、性別的狗狗有許多不同的特殊症狀。請在觀察愛犬狀態的同時，也要能防患於未然。因為飼主自己就是狗狗的家庭醫生。

1. 幼犬沒有體力，因此必須仰賴疫苗、驅蟲藥等預防疾病。
2. 幼犬時期若能確實進行健康管理，就能夠替狗狗打造一輩子強壯的健康身體。
3. 留意幼犬天生的疾病。
4. 幼犬、高齡犬的疾病惡化速度較快，因此必須及早治療。
5. 照顧高齡犬必須比年輕時更著重健康管理。
6. 高齡犬可能出現失智症，因此必須採用正確的照顧方式。
7. 沒有結紮的公狗必須小心罹患生殖器方面的疾病。
8. 母狗要注意乳房腫塊。
9. 留意沒有結紮的母狗會出現規律的生理期。
10. 若要生小狗必須審慎評估、仔細考慮並瞭解相關知識後再進行。

第5章

立刻解決！

外來問題的處理法

不妙！

與鄰犬打架

即使狗狗平常總是很聽飼主的話，在與其他狗狗打架時，往往飼主也制止不了牠。因此外出時一定要繫上導繩。

可能發生的情況

- 自小就不曾與其他狗狗接觸，因此會攻擊其他狗狗。
- 自以為是領導者，因此不聽飼主的制止。
- 害怕其他的狗狗。
- 公狗為了守護地盤而攻擊進入院子的狗或貓。

狀況是？

比方說，附近鄰居帶狗狗進入院子時，愛犬會激動地飛撲那隻狗。有時可能因為對方的飼主拉住了導繩才避免傷害的發生。

另外，在散步途中遇到個性不合的其他狗狗時，愛犬也有可能會吠叫。

如果擦身而過的距離很短，也可能會相互扭打起來。即使雙方飼主連忙拉住導繩也很難分開牠們。

而平常總是被綁著的狗狗，如果碰巧導繩零件脫落而跑出家門外，就很有可能咬傷正在散步的其他狗狗；或者原本繫著導繩散步，卻遇到沒繫導繩散步的狗狗靠近時，也有可能咬傷對方。

在河濱公園解開導繩讓愛犬玩耍時，也有可能咬傷正在散步的其他狗狗的耳朵，對方飼主如果受到驚嚇而拉扯導繩，將可能造成狗狗的耳朵撕裂出血。

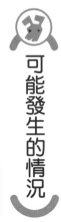

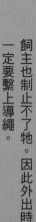

受傷程度？

受傷的程度可能只是輕微擦傷，也可能危及性命。若只是掉毛，而沒有傷到皮膚就是萬幸。

此時請務必向對方飼主道歉，並確認狗狗是否有受傷。

另外有時狗狗會傷到皮膚而裂開流血。此時飼主必須謹慎道歉，並盡快帶著受傷的狗狗前往對方固定看診或自家愛犬固定看診的醫院，免得事後問題更多。

若牙齒咬痕很清楚，即使被咬傷口外觀上看來很小，但犬齒造成的傷害往往比預料中更深，如果置之不理可能會化膿，尤其是鄰居家的狗狗時，務必要帶往醫院就診，以免事後出問題。

最好的辦法就是上醫院接受治療直到痊癒。若拉扯咬著對方的狗狗可能會造成另一隻狗狗的皮膚被撕裂、大量出血，恐怕必須靠手術縫合。

小型犬若被大型犬咬住，則有可能會死亡。曾經有個例子是體重超過20公斤的狗狗咬住體重2公斤的約克夏，造成約克夏的氣管被咬破，空氣跑進皮下讓約克夏膨脹成氣球。幸好約克夏的命保住了，不過卻必須修養好一陣子。

如果沒有綁導繩的狗靠近時，飼主必須提醒對方飼主注意，並且牢牢抓住自己狗狗的項圈。

解決辦法

必須滿懷誠意地向對方飼主道歉。最重要的是要完整地表達自己的感受。對方飼主多半也處於激動狀態，因此一開始不要反駁，仔細聆聽對方說話，等對方冷靜下來後，再討論醫藥費等其他問題。

不妙！迷路了

愛犬走失了的心情與煩惱只有經歷過的人才懂。為了狗狗也為了自己，各位要努力把牠找回來。

可能發生的情況

- 一臉歉意塌著耳朵回來。
- 被陌生人撿去照顧。
- 被誤以為是棄犬而被關在流浪犬收容中心
- 遭遇交通事故而待在醫院。
- 遭遇交通事故而死亡。

狀況是？

養在家裡的愛犬有時會從打開的玄關或趁著家人不注意時跑出去。

另外，綁在院子裡的愛犬也可能因為導繩鬆脫，或是家人忘了關門而跑出去。

這種時候如果項圈上有吊牌就能夠稍微安心。有時飼主也會擔心鮮少外出散步的愛犬不認得回家的路。

狗狗最討厭打雷、爆竹的聲音，這會讓牠們變得驚慌，因此只要一聽到這類聲響，牠們總是會躲進家裡。

但如果運氣不好，打雷時正好家裡沒人在，狗狗就會受到驚嚇而跑到外面去。如果等了好久愛犬都不回來，飼主就必須擔心了。

該怎麼辦才好？

時間愈久愈難找回愛犬，因此

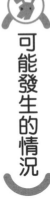

首先必須盡快確認想到的所有可能性，聯絡收容中心、鄉鎮市公所、警察等，問問是否有人投訴有陌生狗狗出沒。

另外，也要確認狗狗是否被當成流浪狗關進收容中心，可請收容所的人留意，如果有外觀相似的狗狗被送入就請他們通知自己，或者也可以每隔幾天就主動打電話去詢問。

同時也可問問醫院方面，是否有不曉得飼主是誰的狗狗因發生意外而住院。

另外，也可在平常散步的路線沿途張貼尋找走失愛犬的海報。其他像是，刊登在供人免費索取的捷運報、資訊刊物上也是一種方法，不過這種方式需要1～2個月，因此如果沒有找到也不能馬上撤銷刊登內容。

這類刊物上有時會刊載「撿到狗狗」的訊息，建議飼主多加留意。

有些時候很快就能找到愛犬；有些時候則費盡千辛萬苦也找不到；也有時則是在1個月後才發現牠被鄰居撿去養了。

解決辦法

再沒有什麼比狗狗的生死不明更讓人煎熬的。為了避免發生這種情況，項圈上的吊牌就是愛犬走失時最重要的救命繩。

不妙！

與鄰犬交配

在還不曉得該怎麼處理的情況下，愛犬已經生出小狗來了，這下該怎麼辦……幼犬雖然可愛，但沒有辦法養這麼多隻。飼主必須盡快採取行動。

狀況是？

發情前的2～3天，一到夜晚，住家附近就開始有陌生公狗徘徊，但是飼主以為院子有圍牆，再加上大門緊閉著，公狗無法進入家裡。沒想到半夜聽到狗狗叫聲而看向窗外時，卻看見原本在外的公狗穿過原以為無法通過的大門底下逃走。後來家中愛犬就懷孕了。

偶而會有這種情況，發情期的愛犬跑到玄關處，飼主以為只要有人在，其他狗就不會靠近，因此安心讓愛犬待在院子裡。

結果沒想到飼主在院子裡晾衣服時，聽見自家狗狗哀叫一聲，回頭一看才發現一隻公狗在自己沒注意時跑進來與愛犬交配了。

還有一種情況是，養狗的朋友說結紮手術最好在第一次發情之後再進行，因此會等到第一次發情期後再幫狗狗結紮。

可能發生的情況

- 母狗的懷孕期大約是62天，因此2個月之後就會生了。小型犬必須考慮到有可能會難產。
- 公狗受到發情中的母狗氣味吸引，因此一旦離家外出，回來後會想要再出去，而一整晚叫個不停，造成鄰居的困擾。

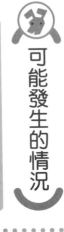

該怎麼辦才好？

首先是盡快決定要不要讓愛犬生下小狗。如果決定不生，就必須盡早前往醫院接受手術。

若拖延下去，手術不但會愈加困難，對於母狗來說，也會是很大的負擔。

如果決定讓愛犬生下小狗，在小狗出生之前就必須開始著手尋找願意收養小狗的人家。

此時因為還不知道小狗的性別，因此最好找不論是公狗母狗都願意收養的收養者。透過免費報紙、資訊雜誌刊登消息，或是在醫院、朋友家、自家張貼海報，都是可以考慮的方法。

如果家裡養的是公狗，有時你會驚訝於某日突然有人找上門來說：「你家的公狗和我家的母狗交配了。」只要飼主心裡有譜，就應該幫忙找人收養即將誕生的可愛狗狗。

解決辦法

不想要小狗時，最好讓愛犬進行結紮手術。如果不願意，不管發情中的愛犬如何哀號吠叫，飼主也必須狠下心禁止牠外出。

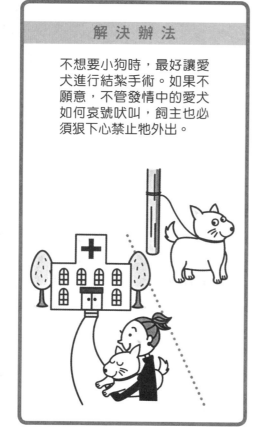

不妙！

叫聲被嫌吵

過去人類可以藉由狗叫聲得知有人入侵。現在狗叫聲則會招致鄰居的抱怨。現代社會對於狗狗來說，似乎愈來愈不友善了。

可能出現的原因

- ●肚子不舒服，想要上廁所。
- ●想要去散步。
- ●有陌生人。
- ●其他人或其他狗狗通過家門前。
- ●有摩托車或腳踏車經過。
- ●對著警車、救護車的警笛聲吠叫。
- ●地盤意識強烈。
- ●有分離焦慮症。
- ●老化導致的失智症。
- ●發情期吠叫找對象。

狀況是？

習慣在戶外大小便的狗狗，如果罹患了腹瀉或膀胱炎等疾病，當牠希望飼主帶自己去上廁所時就會吠叫。

有些狗狗一大清早想要出去散步時也會吠叫。如果不理會恐怕會吵到鄰居，因此飼主會養成只要狗狗一叫就會帶牠出去散步的習慣。

另外，因為狗狗把住家和院子當作自己的地盤，因此只要有人、狗或貓靠近就會激烈吠叫。

有些狗狗是門鈴一響就會一邊叫一邊走向玄關。還有些狗狗則是家人在聊天時會一直叫。

有分離焦慮症的狗狗希望永遠與飼主在一起，所以只要家人外出，必須自己看家時，就會驚慌吠叫，甚至有時還會隨地大小便或亂翻垃圾桶。

這種時候鄰居就會告訴你：「你家狗狗今天自己看家對吧？牠一直在吠叫，似乎很寂寞。」

對於狗狗的抱怨中最多的就是「吠叫」，尤其是住宅區特別多。有時這些鄰居會寫封信丟到你家信箱，溫和地告訴你：「家裡有病人或考生，希望保持安靜。」

一旦與鄰居交涉破裂，就會演變成多說無益，甚至對方還會朝你家丟東西的情況。

該怎麼辦才好？

除了討厭狗狗的人之外，狗叫聲對於在深夜工作的人、病人與考生來說都是噪音。

如果希望盡力維護與鄰居之間的良好關係，因為是我們造成了對方的困擾，所以一定要記得向鄰居打聲招呼：「我家狗狗很吵，對不起。」

另外，如果狗狗吠叫的原因是肚子不舒服、腹瀉，可前往醫院看診服藥。有時市售的成藥效果不彰，必須注意。

如果吠叫是因為發情，等到發情期結束後，可考慮進行結紮手術或是在皮下埋進控制發情的藥物，就能夠減少這情況發生。

狗狗到了2歲就會變得目中無人，以前原本聽話的狗狗也有可能會反抗飼主，這種時候就必須重新管教。

如果吠叫的是幼犬，而牠又太早離開母狗、兄弟姊妹生活，有時牠會缺乏適應力、不懂狗狗彼此間的習慣或無法遵守與人類共同生活的經驗，因而引發問題。

如果吠叫是因為分離焦慮症，可利用藥物與行動療法進行治療，也可前往醫院接受專家指導。

解決辦法

最重要的是與鄰居相處和睦。如果狗狗目中無人就必須重新管教。而今有許多機構均有開班教導如何管教狗狗，建議各位可以積極利用。

不妙！

被車子輾過

遭遇交通意外最可怕的，就在於肉眼看不見的身體部位所遭受的損傷。即使外傷看似不要緊，也可能隨著時間的經過而突然生變。

狀況是？

造成交通意外的共同原因是狗狗沒有繫上導繩。馬路上充滿危險，不可因為習慣就大意。

經常聽到飼養在工廠的狗狗因為追逐飼主的卡車而遭對向來車輾斃的案例。

有些情況是飼主解開導繩放狗狗去玩耍，不巧狗狗跑到馬路上被車輾過。

有時牠只是哀叫，仍然能像平時一樣走路，所以飼主也不以為意而直接回家。沒想到隔天卻出現呼吸急促、無法吃飯的情況。

有些情況則是飼主會讓狗狗在鮮少有車輛通過的家門前玩耍，不巧正好有車子開過，輾到在馬路上的狗狗，狗狗邊哀叫邊奔跑，最後倒在飼主面前。這時如果飼主驚慌抱起狗狗可能會被咬。

另外，有時也會聽說狗狗因為導繩零件脫落而跑到外面，隔天一腳搖晃、變成三條腿回來的案例。

受傷程度？

遇上交通意外時，飼主必須先檢

可能發生的情況

- 外傷、出血造成貧血、骨折、頭部或脊椎損傷、胸腔、腹腔內出血、臟器損傷等，不同程度的傷害會出現不同症狀。
- 應該盡快就醫。抱起愛犬時，狗狗可能會因為疼痛而咬飼主，必須當心。

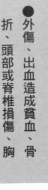

查出血部位與骨折部位。

但是真正要注意的地方是頭部、脊椎的骨折、胸腔、腹腔的內出血、各臟器的損傷程度。

無論外表看來是多麼輕微的傷勢，都要盡早前往醫院接受檢查。

搬運遭遇意外的狗狗時，狗狗可能會因為受傷很痛或很激動而咬人。飼主和狗狗一起血淋淋地前來看診的例子亦是屢見不鮮。

狗狗被車撞時，飼主必須找出當時狗狗被車撞時的情況，注意狗狗有無意識、有無呼吸、哪個部位最痛、能不能夠走路等。

也經常有個狀況是，飼主以為只是擦傷而沒有就醫，結果狗狗卻在幾天後呼吸困難，接受檢查才發現橫膈膜破裂，腸子跑進胸腔裡。

飼主不能只憑外傷來判斷狗狗是否安好。意外發生的隔天尤其必須注意。

如果狗狗平安無事，仍要觀察3天。若出現了新症狀，接下來的一個禮拜內都必須留意。

曾有隻狗狗因為脊椎受傷導致後腳麻痺、排尿、排便功能受阻。狗主人後悔自己的疏忽，因此自製了狗專用的輪椅，並且照顧狗狗直到牠死去。這位飼主現在仍在幫人製作狗專用的輪椅。

解決辦法

千萬不要因為外傷是輕傷就放心了。真正可怕的是外表看不出來的部分。為了避免延誤醫治，最好盡早前往醫院就醫。檢查結果沒有異常才能夠安心。

不妙！

狗狗弄壞東西

如果飼主認為那是狗狗一般的常見行為而不以為意，事後可能演變成難以收拾的後果。這種時候，第一要務就是道歉並賠償。

可能發生的情況

- 因為對方是朋友，因此隨便應付，事後變得很尷尬。
- 如果因為鄰居說「沒關係」而不處理，之後打招呼往往會遭到對方漠視，或者不和你說話。

狀況是？

飼主帶著狗狗前往朋友住處玩，卻因為聊天太投入，沒注意到狗狗在隔壁房間惡作劇，事後才知道愛犬咬壞了朋友家的餐桌腳。

或是站在鄰居家門外聊天時，一起來的狗狗卻在花圃撒尿，飼主連忙拉住導繩想要阻止，結果狗狗撞到盆栽、打破盆栽。當下鄰居雖會說：「不要緊。」

但飼主如果僅只是道歉後就回家去，之後往往會聽到鄰居在背後批評自己。

另一種情況是，愛犬與朋友家的狗狗交情好而帶去朋友家，兩隻狗與平常一樣玩鬧時，卻傳來「鏘」地一聲，彩繪玻璃的檯燈從餐桌上掉下摔破了。因為不曉得是哪一隻狗狗撞倒的，有時會令雙方都很尷尬。

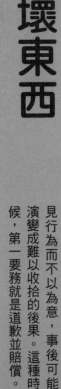

該怎麼辦才好？

在家中地板小便這種事，飼主八成會覺得這也沒辦法，但是對於沒有養狗的家庭來說，這是相當討厭的狀況。無論清理得再乾淨，對方很可能再也不會邀請你去他家。

狗狗只要一到陌生的新環境，經常會隨地大小便。如果弄壞的是好友家裡的東西，飼主往往會仗恃著交情而沒有積極處理，這樣可不行。

至於，說到與鄰居相處時有時雖會很辛苦，不過為了預防萬一，還是應該好好經營與鄰居的關係。

鄰居說的「沒關係」要當作是客套話，事後必須好好登門道歉。而愛犬弄壞的東西也應該由身為飼主的你負責賠償損失。

解決辦法

首先要好好道歉。請別以為狗狗的行為應該被原諒，尤其是如果弄壞的東西具有紀念價值，恐怕必須花上一段時間才能獲得對方諒解，儘管如此，飼主仍必須盡力修復關係。

不妙！

吃別人給的零食

給愛犬的食物份量與平時相同卻還剩下許多，但是牠的體重似乎增加了。這種時候可能是有其他人餵東西給牠吃。

可能出現的情況

- 不吃自己的食物。
- 吃下不習慣的食物而嘔吐或腹瀉。
- 吃太多造成肥胖，而肥胖會導致溼疹、糖尿病、關節痛、心臟病等。

狀況是？

家門前的路正好通往小學，上學路過的孩子會一邊摸狗狗一邊和牠說話。家人早上就出門了，因此狗狗直到晚上有人回家之前一直都待在院子裡。

吃飯是一天2次。因為體重每年增加2公斤，所以把狗食換成高齡犬專用，零食也只給一半。明明已經注意調整了，狗狗卻還是愈來愈胖。

另外，狗狗罹患溼疹也令人苦惱。

飯量已經減少一半了，有時牠卻沒有吃完，正當飼主覺得奇怪時，才發現隔壁婆婆、小學生會拿剩菜給牠吃。

這種情況經常發生。

繼續肥胖下去恐怕會引發心臟病或糖尿病，人類也是如此，而對於狗狗來說，肥胖更是萬病之源。

該怎麼辦才好？

即使飼主再小心，也不曉得狗狗獨自看家時會發生什麼事，自然也不會想到小孩會給狗狗麵包等食物。

但令人意外的是，帶狗散步的人之中，有些人就是喜歡帶著狗零食餵食路上熟悉的狗狗。

醫院交待要減肥，做了半天卻始終沒有成效，多半就是因為這樣。

我甚至記得曾經看過某家院子裡有這樣的告示牌，寫著：「我有心臟方面的疾病，現在正在減肥中，請不要給我零食。謝謝大家一直以來的照顧。」

肥胖真的很可怕。尤其對於有心臟疾病的狗狗來說很要命。如果狗狗散步時走不動或坐在地上不肯動，就必須當心。飼主最好抱起狗狗回家。

如果狗狗太大、抱不動，可讓牠在陰涼的地方休息，

然後盡快前往醫院。

散步時要隨身攜帶手機、零錢、裝水的寶特瓶。尤其是大型犬可能必須動用車輛運送。帶著手機或零錢才方便求救。

解決辦法

在狗狗聚集的公園與狗夥伴玩耍時，有些飼主會帶著狗零食。我曾聽說有飼主看到狗狗吃得很開心的模樣，會覺得如果沒有給牠東西吃很丟臉。有些飼主大概也很難當面說出「請不要餵食」吧！這種時候建議可用「醫院規定不能吃」來試著拒絕看看。

不妙！咬傷人了

這是一般人最不樂見發生的意外。直到對方的傷勢痊癒之前，我們都很難安心。請別忘了狗狗儘管對飼主忠心，但不見得對他人也是如此。

可能發生的情況

●被狗咬到的人都會問：「有沒有注射狂犬病疫苗？」

●如果沒有注射狂犬病疫苗，會追究飼主的責任，而狗狗也必須接受狂犬病的檢查。

狀況是？

即使被綁在院子裡，或散步時綁著導繩，或導繩沒有鬆開，意外會發生時就是會發生。

但是不同的狀況留給傷者的印象也不盡相同。

有時是綁在玄關旁邊的狗狗咬傷客人的腳；有時則是綁著導繩散步時，小朋友靠過來想要摸狗，狗狗突然吠叫嚇跑小朋友，結果小朋友跌倒受傷。

有些時候則是狗狗待在玄關，沒有綁上導繩，而碰巧正在散步的狗狗靠過來，結果兩隻狗打起來，對方飼主出手想要拉開雙方，卻被狗狗咬傷。

或者是在家門前散步的狗與被綁在院子裡的狗互相激烈吠叫，這時被綁住的狗鬆開繩子衝出馬路，而對方飼主連忙抱起自家愛犬，並抬腳踢狗想要趕開，結果卻被咬傷。

有些時候過錯全在咬人的一方身上，有時則否，這種時候首先要做的就是道歉。有時應對方式不同也可能衍生成法律問題。

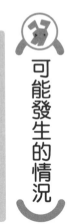

受傷程度？

被狗狗咬傷，可能是輕傷也可能是重傷。如果小孩臉上有抓傷，父母也會擔心萬一留下疤痕。而被狗追以致從腳踏車上摔下也可能會造成骨折。

狗狗的行為與帶給對方的損害都必須由飼主負起責任。

我們對於狗狗除了愛之外，徹底「管教」也很重要。

別以為綁在院子裡或散步有綁導繩就無須擔心，為了避免在意外發生時沒有盡到提醒的責任而受罰，請飼主務必注意以下幾點：

●**綁住狗狗時**……如果狗狗會咬人，用鎖鏈綁住牠時，必須注意鎖鏈的長度。

●**散步時**……注意四周，留心狗狗可能在散步途中突然撲向路人。幫狗狗繫上導繩，如此一來飼主叫停時牠就能夠馬上停止。同時要留意大型犬本身就相當具有威脅性。

另外，過去曾經咬過人的狗狗必須更加當心，免得你滿懷愛意養大的狗狗，可能因為咬人而必須接受安樂死。

解決辦法

發生意外時，首先要誠心誠意道歉，並且一起前往醫院確認情況。只要表達誠意，對方也會冷靜下來。若選在對方激動時反駁，反而是火上加油。

不妙！

大小便的問題

空著手帶狗狗散步時，路人的視線最叫人害怕。許多人討厭狗大便，因此務必要小心。

可能發生的情況

- 成為許多疾病的傳染源，造成傳染病蔓延。
- 對人類來說也有公共衛生上的問題，尤其可能會害小孩子染上寄生蟲傳染病。

狀況是？

早上帶狗狗散步時，狗狗多會排便。看看四周，帶狗散步的人每個人手中都提著「散步工具（鏟子、紙、塑膠袋）」，不過有些人也許只是拿著，不一定會實際撿起狗大便。

最近有愈來愈多人喜歡親近泥土，到處都可看見享受種植蔬菜、園藝樂趣的人，以及在空地闢家庭菜園的人。

有時正在除草的人會怒罵：「別讓狗在這邊大便。」一想到這些人努力耕作的田地卻被狗狗在上頭大便，也就無怪乎他們會生氣了。

現在位在馬路兩旁的院子經常會規劃帶狀花圃。散步時，狗狗若跑去花圃小便，就會造成某一塊的花叢枯萎。

只要有一隻狗狗在此小便，其他狗狗就會在同樣的地方小便，因此就會造成這一區的花枯萎。其實，讓狗狗在別人精心種植的花圃上小便的飼主比你想像中更多。

該怎麼辦才好？

飼主應該負責清理並帶走狗狗的排泄物，絕對不能讓排泄物留在原地。

只要有一位飼主不清理，所有養狗的人都會被當成是這種人。

一個人無心的行動可能讓別人討厭狗。為了讓人類與狗狗能夠共生，飼主必須守規矩。

其中有些人會將糞便埋進土裡，但請不要這樣做。如果狗狗有寄生蟲，糞便裡頭就會有蟲卵，到時可能會傳染到在同一條路線上散步的其他狗狗。

更可怕的是犬小病毒腸炎等傳染病。糞便中有許多此疾病的病毒，如果把糞便就地掩埋而不帶回家，該病毒會蔓延到掩埋處四周，必須當心。

最近經常可看到「請勿讓狗狗在此小便」的告示牌。和大便一樣，請飼主也別讓狗狗隨處小便。

公狗習慣一邊標記一邊散步，但沒有人喜歡狗狗在自家的門柱和花圃撒尿。

如果讓狗狗離開自己家到鄰居家的柱子小便，這種行為別人看了會做何感想？希望各位務必注意。

解決辦法

別讓狗狗在室外大小便。若沒有辦法阻止，請試著站在別人的立場想想。你一定不願意別人在你家大小便，也不喜歡踩到狗屎吧！

不妙！

鄰居討厭狗

即使已經與鄰居溝通過，但只要對方覺得你是在找麻煩，你就必須用心扭轉情況。

可能發生的情況

- 遇到鄰居一定要主動打招呼。
- 對自家愛犬造成的困擾坦然道歉。
- 關係一旦鬧翻，愛犬可能會被潑水或惡意相向。

狀況是？

某天偶然得知鄰居討厭狗，這著實令人不安。

有些事情即使飼主不在意，討厭狗的人也無法忍受。他們尤其對狗叫聲敏感。飼主必須確認愛犬吠叫的程度。

白天時間環境噪音較多，因此狗叫聲通常較能夠被忍受，但狗狗往往會選在清晨或深夜吠叫，此時飼主就應該考慮入夜後讓狗狗待在玄關內。

另外，在院子裡幫狗狗刷毛時，是否有將脫落的狗毛收拾乾淨？狗毛是否飛進了鄰居院子裡？

飼主是否曾經好好管教狗狗？如果狗狗一叫，飼主就斥責，這樣是無法解決問題的。

最好前往狗狗訓練機構尋求建議。也許鄰居不見得是討厭狗，而是質疑飼主的管教方式。因此飼主應該重新審視自己的養狗方式。

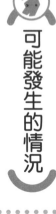

有多討厭？

如果前述例子的情況都不吻合，則有可能是「害怕」狗，而不是討厭狗。

也許是小時候曾經被狗吠、被狗追、被狗咬等，有過這類可怕的經驗。

前來醫院的飼主中，有些人第一次看診時，是由小孩抱著可愛的小狗，飼主自己則戰戰兢兢跟在後面進來，而且只敢遠遠觀望，不敢摸小狗。

後來，一問之下，對方說「我很怕狗，不敢摸。因為孩子答應會負責照顧，我才讓他養」。瞭解是這麼一回事之後，我才幫小狗注射預防針，並訂好下次看病時間。

下次再來時，改由該飼主抱著用毛巾包住的小狗前來。他一臉不情願地說：「我不敢直接摸，不過用毛巾包著就可以抱。」

第三次來看診時，該飼主笑容滿面地摸著狗狗臉頰，一邊說：「我沒想到狗這麼可愛。」

這位飼主原本很怕狗，但後來在百般不願意的情況下，幫狗換水、餵狗吃飯，在這樣的接觸過程中，他的心逐漸被小狗的可愛軟化。

就像這樣，原本討厭狗的人也可能因為與狗接觸而喜歡上狗。

因此討厭狗的鄰居若能持續並穩定與狗接觸，雖然不見得會喜歡上狗，但應該也能和平相處。

解決辦法

和鄰居建立友好關係吧！每次碰面一定要自己主動先打招呼。外出旅行時如果記得帶伴手禮給鄰居，也能夠讓彼此關係更加圓滿。為了避免對方傷害愛犬，請務必與鄰居和平共處。

醫生的全方位建議

發生問題時，能夠保護愛犬的唯有飼主。以下列出幾項重點，幫助各位做好心理準備面對萬一。

1. 出事時，飼主必須冷靜並確實壓制愛犬。
2. 如果有目擊者在場，也可請對方幫忙。
3. 帶著誠意道歉。
4. 讓人受傷時，一定要陪同就醫。
5. 讓其他狗狗受傷時，要前往對方固定看診的醫院。
6. 仔細聆聽對方的說詞。
7. 如果有話要說，務必先等待對方冷靜下來。
8. 為了避免造成對愛犬不利的情況，必須確實登記（植入晶片），並接受狂犬病預防疫苗。
9. 愛犬造成的損害必須由飼主負起責任。
10. 記得與附近住戶，尤其是鄰居保持良好關係。

第6章

鮮為人知的
寵物冷知識

找尋＆挑選好醫生的訣竅

「去醫院」雖然說來簡單，但要注意的問題其實很多。為了重要的狗狗好，請務必謹慎選擇醫院。

大學附設醫院（教學醫院）的醫療水準較高

一般獸醫院沒有區分專長領域，因此他們什麼都看。

但是，不同醫院，擅長的領域也各不相同。現在的醫院雖然也有整套的檢驗器材，但擁有專門人員及高規格診療儀器的，仍只限於大學附設醫院。

因此一般獸醫院會介紹需要接受專業且高難度醫療的狗狗前往大學附設醫院。

人類與狗狗之間最重要的還是互信

立志成為獸醫師的人通常都喜愛動物。

但是就像人類彼此間也有合與不合一樣，人類與動物之間也有適性問題。即使在動物園，據說在決定由誰負責照顧動物時，也會觀察人員與該動物的適性如何。

另外，除了狗狗之外，飼主和獸醫師也有適性問題。適性不佳時，彼此會充滿不信任。如果無法培養出互信關係，建議最好還是轉院吧！

不懂就要問

獸醫師會對飼主解釋疾病的狀態、治療與檢查進行的方式等。

但是轉院來的人之中，有些人對於之前醫院的「沒有藥品說明」、「完全不曉得醫院開什麼藥」或是「專有名詞太多，聽不懂」等感到不滿。

別顧慮太多，有問題就問問醫院的醫師，醫師一定會仔細回答你的問題。

花錢大百科

養狗不僅費事也很花錢，但是這些付出卻能夠滋潤與狗狗在一起的生活，並帶來安穩。

仔細規劃，考慮需求

剛開始養狗的第一年必須購買許多物品，如：籠子、導繩、項圈、餐具等。

另外還有植入晶片、預防疫苗、結紮手術等。這一年必須暫時停止與家人一同旅行的計畫，做好和狗狗一起生活的準備。

隔年開始要支付心絲蟲病預防針、跳蚤、蝨子預防針、疫苗的注射費用、狗食、零食等餐費、美容費等，大約能夠整理出用在狗狗身上的開銷範圍。

事先準備一個貼有愛犬照片的信封或小盒子裝隔年的花費，預先留下現金，也是一種方法。

不過這些都是狗狗很健康時的情況。我曾經聽人家說過：「我家狗狗沒有做什麼特殊保養，但超過10歲了仍然很有精神。」

我也曾遇過飼主以為做好預防工作就夠了，卻讓狗狗染上心絲蟲病的情況。不只要花費手術與住院費用，還給家人添麻煩、讓他們擔心，對狗狗也很過意不去，飼主本人非常後悔。

存錢因應突發狀況很重要

即使狗狗沒有生病、很健康，也可能遇上交通意外、長腫瘤等意想不到的狀況。

想到不好的事情雖然會讓人心情沉重，但是如果能夠事先做好準備，預防萬一，事到臨頭就不會驚慌了。

飼主可以與家人商量（這也是加強家人關係的好機會）設立狗狗基金之類的，並由每位家人提供零用錢的10%，諸如此類，全家人可以一起想想有沒有什麼好點子。

實用的保險知識

如果狗狗有保險……我相信不少飼主有這種想法。事實上坊間真的有狗狗保險。各位何不索取簡章，著手研究看看？

仔細確認內容後，再行決定

最近許多家庭也把狗狗視為家族成員之一，對牠們非常的重視。也因此，狗狗的壽命愈來愈長。而傳染病預防注射、平日確實進行健康管理等也是長壽的原因之一。

但是，在此同時，醫療費用也有逐漸增加的趨勢。因此部分保險公司想出了寵物保險。

仔細閱讀保單內容後，再決定想要加入哪個保險。

不過多數保險並不適用於結紮手術、清除牙結石、皮膚病、先天性疾病等。似乎並非所有項目都能夠獲得保障。

利用網路或電話進行狗狗問題諮詢

似乎沒有必要特地前往醫院……可是又有點擔心。這種時候你可以打電話或寫電子郵件諮詢。

想知道的事情就問清楚

多數醫院都接受有關狗狗問題的電話諮詢。有些醫院還特別設有對應窗口，定時回答。另外，也有愈來愈多醫院擁有自己的網站。

網路上的網站可找到許多豐富資源。請各位務必試試看。

內容豐富的寵物網站

Pet line 寵物線上生活資訊網 http://www.petline.com.tw/

可查詢購物資訊、寵物部落格、各類問題諮詢室、寵物認領、送養、協尋、各地醫院等。

台中市世界聯合保護動物協會
http://www.tuapa.org.tw/default.tuapa

包括有動物認養、急難救助、境外送養、犬貓節育以及動物教室等資訊。

寵物情報樂園
http://petoplay.com/

可查詢各地寵物樂園、寵物店、寵物醫院、飼料品牌以及各種寵物知識等資訊。

每一季都要確認再確認！

有些狗狗一到換季，身體就會出狀況。冬天的寒冷與夏天的酷熱都是狗狗的壓力來源。

春 spring

春天是預防的季節。請開始接種狂犬病疫苗、心絲蟲病疫苗。此時狗毛也會由冬毛換成夏毛，因此必須經常幫狗狗刷毛。

有些時候早晚溫差較大，必須小心。

這段時期容易發生皮膚病，因此飼主要注意狗狗的皮膚與狗毛狀態。此時，空氣中會出現許多灰塵與花粉，別忽略了眼屎和鼻水。此時也正好是母狗的發情（月經）期。

夏 summer

狗狗很怕熱。尤其是幼犬和高齡犬。生病的狗狗必須注意健康管理。

梅雨季節很潮濕，因此要記得除去毛巾上與狗屋中的濕氣。

盛夏時，室內犬要注意房間溫度與濕度。養在戶外的狗狗則必須把狗屋移到通風涼好的陰涼處，而且在白天最熱的時間中，應該要讓狗狗進入室內涼快的地方。

白天散步時，要小心中暑與熱衰竭。請選擇清晨、傍晚等涼爽的時間帶狗狗去散步。有時狗狗沾到跳蚤、壁蝨時，可能會引起皮膚病。

夏天的食物和飲水容易腐壞，飼主應該經常更新。這季節狗狗的飲水量較多，飼主必須留意。另外也別忘了預防心絲蟲病。

秋 autumn

秋初時，因為天氣還很熱，所以容易引起夏季疲勞。到了中旬，日夜溫差較大。對養在室外的狗狗尤其應該幫牠增加幾條毛巾。這時夏毛開始變成冬毛，所以飼主必須勤快刷毛。這季節是母狗的發情（月經）期。別忘了繼續預防心絲蟲病。

冬 winter

冬天要記得防寒，尤其小型犬更是怕冷。

如果是養在室外的狗狗，要將狗屋移至溫暖的地方。下雨、下雪或天氣太冷時，最好讓狗狗待在室內。

天氣一冷，狗狗的排尿量也會減少，這很容易會造成牠泌尿器官疾病的惡化。

另外，狗狗的身體也會因為天冷而僵硬，以致經常發生關節方面的疾病，這點也必須注意。

人類與狗狗的共通傳染病

傳染病中有些疾病是人類和狗狗共通的疾病，這類疾病非常可怕，因此平日就該注意。以下介紹幾種常見的共通傳染病。

疾病名稱	相關動物	動物症狀	感染給人的方式	人類的症狀	預防方法
巴斯德桿菌病（pasteurellosis）	狗、貓、兔子	幾乎沒有症狀	被狗咬傷或抓傷	發燒、傷口發炎	小心被狗咬傷或抓傷
弓蟲症（Toxoplasmosis）	狗、貓	狗會出現呼吸道異常，貓則會腹瀉和出現腦部障礙	碰過受感染的貓咪糞便後，經由手進入口腔	若在懷孕中，會造成流產或胎兒的腦部障礙	徹底清理貓的糞便
蛔蟲幼蟲移行症	狗、貓、兔子	腹瀉、嘔吐	碰過受感染的動物糞便後，經由手進入口腔	會造成兒童腦部、肝臟的損害	要徹底檢查動物糞便、除蟲
皮癬菌症（Dermatophytosis）	狗、貓、鼠類	掉毛	觸摸受到感染的動物	皮膚炎、皮膚搔癢	檢查皮膚，及早治療
疥癬症（Scabies）	狗、貓	皮膚搔癢、掉毛	接觸受到感染的動物	皮膚搔癢、起疹子	避免接觸受到感染的動物，早期發現，早期治療
布氏桿菌病（Brucellosis）	狗	流產、睪丸炎、多半無症狀	觸碰到受感染動物的糞便	發燒、關節痛	小心狗的糞便
沙門氏桿菌症（Salmonellosis）	狗、貓、鳥、烏龜	腹瀉	碰過狗狗的糞便或狗狗之後，經由手進入口腔	腹瀉、嘔吐、發燒	清理狗狗的糞便時要徹底
曲狀桿菌症（Campylobacteriosis）	狗、貓、鳥	多半無症狀。幼犬會腹瀉	碰過狗的糞便或狗之後，經由手進入口腔	嚴重腹瀉、水便、血便	清理狗狗的糞便時要徹底
耶氏菌症（Yersiniosis）	狗、貓、鼠類	多半無症狀。有時會腹瀉	碰過狗狗的糞便或狗狗之後，經由手進入口腔	腹瀉、發燒、關節痛	清理狗狗的糞便時要徹底
鉤端螺旋體病（Leptospirosis）	狗、鼠類	黃疸、血尿	水遭受感染的動物尿液汙染	發燒、黃疸、肝、腎臟損害	要確實幫狗狗接種疫苗。小心受到汙染的水
假性結核病（Pseudotuberculosis）	狗、貓、鳥、兔子、猴子	多半無症狀。有時會腹瀉	接觸受到感染的動物、受汙染的環境	腹瀉、發燒、敗血症	避免接觸受到感染的動物
狂犬病	狗、貓等所有哺乳類動物	腦炎、激動且具攻擊性的性格、喉嚨麻痺、發病就會死亡	被受到感染的動物咬傷	腦炎、神經症狀、發病就會死亡	狗狗需每年接受一次疫苗接種

（注：其他人畜共通疾病可參考疾病管制局網頁：http://web.cdc.gov.tw）

你知道這部位叫做什麼嗎？

狗狗身上各部位都有獨特的名稱。這裡一一為各位介紹，事先記住很有用。

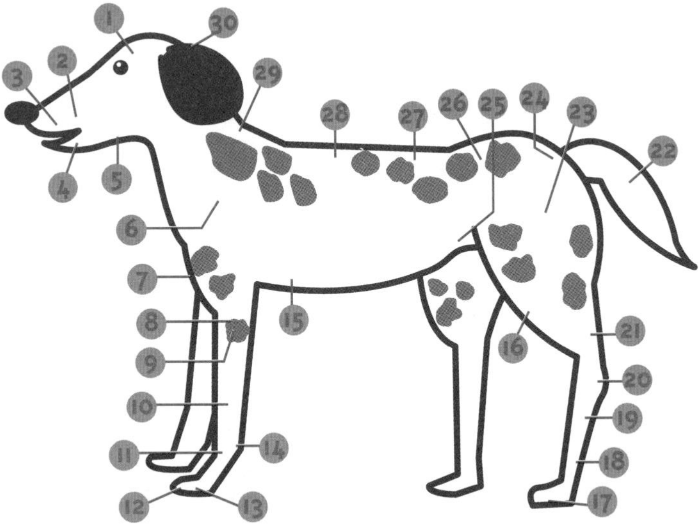

1 頭骨（Skull）	2 口鼻部（Muzzle）	3 上顎（Upper jaw）	4 嘴唇（Lip）
5 下顎（Lower jaw）	6 肩膀（Shoulder）	7 肩頭（Point of shoulder）	8 上臂（Upper arm）
9 肘部（Elbow）	10 前臂（Forearm）	11 骹骨（Pastern）	12 腳趾（Forefoot、toe）
13 腳爪（Nail）	14 手腕（Carpus）	15 胸部（Brisket）	16 膝蓋（Stifle）
17 腳底（Pad）	18 踝關節（Hock）Rear Pastern	19 跗骨（Tarsus）	20 後腿關節（Hook joint）
21 小腿（Lower thigh）	22 尾巴（Tail）	23 大腿（Upper thigh）	24 臀部（Rump）
25 側腹（Flank）	26 腰（Loin）	27 腰角（腰部連接臀部的位置）	28 背部（Back）
29 脖子（Neck）	30 後頭部、枕骨（Occiput）		

索 引

國家圖書館出版品預行編目資料

你就是狗狗最好的醫生 / 川口明子, 金井慎人, 金井理惠作 ; 中川志郎監修, 黃薇嬪譯. -- 初版. -- 新北市 : 世茂, 2012.04
面 ; 公分. --（寵物館 ; A25）

ISBN 978-986-6097-50-8（平裝）

1.犬 2.疾病防制

437.355 101002040

寵物館 A25

你就是狗狗最好的醫生

作　　者／川口明子、金井慎人、金井理惠
監 修 者／中川志郎
譯　　者／黃薇嬪
主　　編／簡玉芬
責任編輯／楊玉鳳
封面設計／比比司設計工作室
出 版 者／世茂出版有限公司
負 責 人／簡泰雄
地　　址／（231）新北市新店區民生路 19 號 5 樓
電　　話／（02）2218-3277
傳　　真／（02）2218-3239（訂書專線）、（02）2218-7539
劃撥帳號／ 19911841
戶　　名／世茂出版有限公司　單次郵購總金額未滿 500 元（含），請加 50 元掛號費
酷 書 網／ www.coolbooks.com.tw
排版製版／辰皓國際出版製作有限公司
印　　刷／長紅彩色印刷公司
初版一刷／ 2012 年 4 月

I S B N ／ 978-986-6097-50-8
定　　價／ 280 元

SHOUJOU KARA HIKERU! MAKASETE ANSHIN!
WATASHI NO INU NO OISHASAN supervised by Shiro Nakagawa, written by Akiko Kawaguchi, Masato Kanai, and Rie Kanai

Original Japanese edition published by Nitto Shoin Honsha Co., Ltd.

This Traditional Chinese language edition is published by arrangement with Nitto Shoin Honsha Co., Ltd., Tokyo in care of Tuttle-Mori Agency, Inc., Tokyo through Bardon-Chinese Media Agency, Taipei

Printed in Taiwan

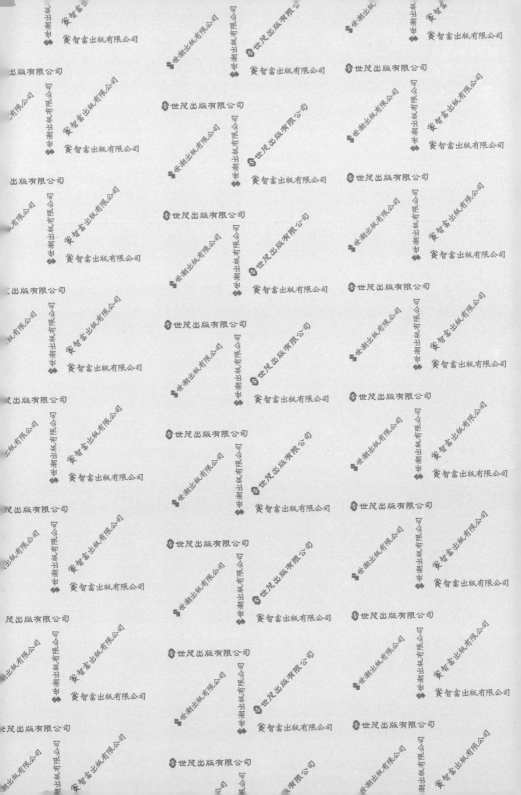

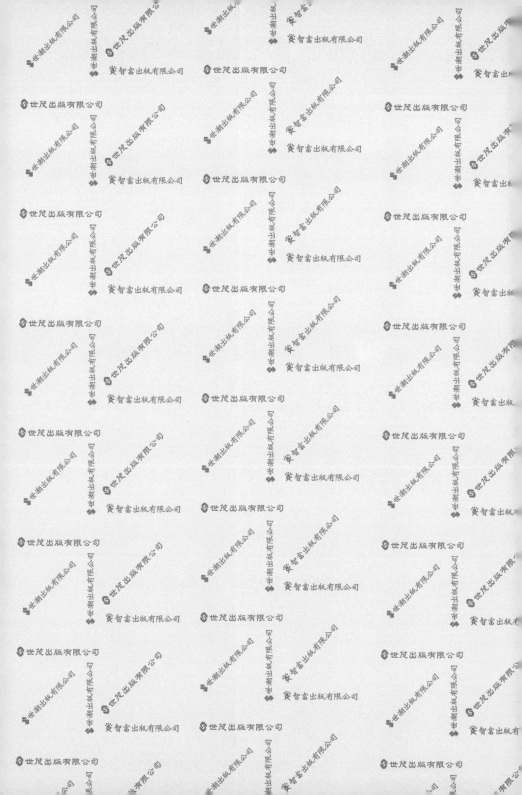